北京正负电子对撞机
束流管系统

郑莉芳　李勋锋　王　立　著

北　京

冶 金 工 业 出 版 社

2024

内 容 提 要

本书全面介绍了新一代北京正负电子对撞机束流管系统，主要内容包括：BEPC Ⅱ/BES Ⅲ束流管系统的设计，交变辐射热负荷下束流管温度场和应力场研究，辐照和冲刷腐蚀耦合作用下束流管关键材料铍的冲刷腐蚀性能和力学性能研究，辐照作用下束流管支撑法兰关键材料玻璃纤维增强复合材料（GFRP）的力学性能、电绝缘性能和热性能研究，束流管冷却系统的研制以及束流管温度场和应力场实验研究等内容。

本书可供从事粒子对撞机束流管系统、材料辐照损伤等相关领域的学者和研究人员参考阅读。

图书在版编目（CIP）数据

北京正负电子对撞机束流管系统／郑莉芳，李勋锋，王立著. -- 北京：冶金工业出版社，2024. 8. -- ISBN 978-7-5024-9933-4

Ⅰ. O572.21

中国国家版本馆 CIP 数据核字第 2024UU8632 号

北京正负电子对撞机束流管系统

出版发行 冶金工业出版社	电　话	(010)64027926
地　址 北京市东城区嵩祝院北巷 39 号	邮　编	100009
网　址 www.mip1953.com	电子信箱	service@ mip1953.com

责任编辑　戈　兰　郭雅欣　美术编辑　彭子赫　版式设计　郑小利
责任校对　石　静　责任印制　窦　唯
北京建宏印刷有限公司印刷
2024 年 8 月第 1 版，2024 年 8 月第 1 次印刷
710mm×1000mm　1/16；12.75 印张；248 千字；195 页

定价 96.00 元

投稿电话　(010)64027932　投稿信箱　tougao@cnmip.com.cn
营销中心电话　(010)64044283
冶金工业出版社天猫旗舰店　yjgycbs.tmall.com
（本书如有印装质量问题，本社营销中心负责退换）

前　言

北京正负电子对撞机（BEPC）及其探测器——北京谱仪（BES）自 1988 年建成以来，取得了许多重要的创新性物理成果，在 τ-粲物理实验研究领域处于国际领先地位。2009 年北京正负电子对撞机重大改造工程（BEPCⅡ/BESⅢ）圆满竣工，BEPCⅡ/BESⅢ成为当时世界上最先进的双环对撞机，使我国继续保持在世界高能物理领域的领先地位。

BEPCⅡ/BESⅢ束流管位于对撞机中心位置，安装在 BESⅢ子探测器漂移室的内筒中，两端与加速器连接。束流管作为正负电子加速聚焦后的对撞区域，是 BEPCⅡ/BESⅢ的核心部件，目前市面上还未有关于我国 BEPCⅡ/BESⅢ束流管系统研制成果的集成著作，因此，作者结合自己团队多年来从事 BEPCⅡ/BESⅢ束流管系统及其关键材料等相关研究的成果编写此书，全面地介绍束流管系统的设计、束流管温度场和应力场研究、关键材料铍和玻璃纤维增强复合材料（GFRP）的辐照损伤研究、束流管冷却系统的研制等相关工作，供粒子对撞机束流管系统、材料辐照损伤等相关领域内的学者和研究人员参考，以促进我国相关研究领域的进步。

本书第 2 章、第 4 章、第 5 章和第 6 章由郑莉芳撰写，第 3 章、第 7 章和第 8 章由李勋锋撰写，第 1 章由王立撰写。此外，在本书编写过程中，团队的许多研究生也做出了卓越的贡献，在此一并向他们表示感谢。

由于作者水平和经验所限，书中难免存在不妥之处，敬请广大读者批评指正。

作　者
2024 年 6 月

目　　录

1 概　述

1.1　研究背景与意义

北京正负电子对撞机（Beijing Electron Positron Collider，简称BEPC）及其探测器——北京谱仪（Beijing Spectrometer，简称 BES）[1]，于 1984 年开始建造。1988 年建成。自 1989 年北京谱仪开始获取数据以来，BEPC/BES 性能良好，运行稳定，成为国际上在 2~5 GeV 能区数据量最大的加速器和探测器，取得了许多重要的创新性物理成果，在 τ-粲物理实验研究领域处于国际领先地位，得到了国际高能物理界的高度评价，在世界高能物理领域占领了一席之地。BEPC/BES 研究的重大物理意义和探测器的优良性能吸引了来自美国、日本、韩国和英国的物理学家们，使得 BES 合作组成为一个知名的国际合作组。1996 年加速器和探测器均进行了升级，其性能有了很大提高，升级后的对撞机仍称为 BEPC，谱仪则称为 BESⅡ[2]。图 1.1 为北京正负电子对撞机的平面布局图，它主要由直线加速器、束流输运线、储存环、北京谱仪和北京同步辐射装置组成。

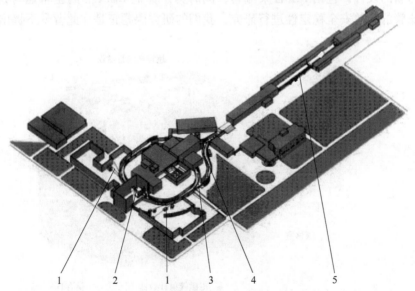

图 1.1　北京正负电子对撞机布局图

1—北京同步辐射装置；2—北京谱仪；3—储存环；4—束流输运线；5—直线加速器

根据世界高能物理的发展趋势，BEPC 未来发展的最佳方案同样应该遵循国际高能物理发展的普遍方式，以较小的投入对加速器和探测器作重大改造。2003年 2 月国务院总理办公会议同意了国家发展计划委员会关于北京正负电子对撞机重大改造工程项目建议书的报告，计划建造新一代的正负电子对撞机（BEPCⅡ[3]）和探测器（BESⅢ[4]），其设计使用寿命为 10 年，BEPCⅡ的工程总投资为 6.4 亿元人民币。改造后的 BEPCⅡ亮度将比 BEPC 提高两个数量级，在质心系能量为 3.77 GeV 时达到 $3 \times 10^{32} \sim 10 \times 10^{32} \ cm^{-2}/s^{[5]}$，成为当前国际上最先进的双环对撞机。全面改造后的 BESⅢ，将大幅度提高探测器性能，减少系统误差，与 BEPCⅡ的高事例率相匹配，实现精确测量，并适应 BEPCⅡ高计数率运行的要求。BEPCⅡ的物理目标是在 τ-粲能区进行精确测量，探索新的物理现象，为我国在今后相当长的时期内继续保持 τ-粲物理研究的国际领先地位，攀登世界科学高峰，取得原始创新性物理成果奠定基础。

图 1.2 为 BESⅢ的结构示意图，BESⅢ长约 6 m，高、宽各 7 m，重 800 多吨，它由多个子探测器组成，包括超导磁铁、漂移室、量能器、轭铁、束流管和飞行时间计数器等，其中，束流管位于 BESⅢ中心位置，安装在 BESⅢ子探测器漂移室的内筒中，两端与加速器连接。正负电子经直线加速器和储存环加速聚焦后，在束流管中进行对撞并产生次级粒子，次级粒子穿出束流管，物理学家利用 BESⅢ进行粒子探测以探索新的物理现象。要建造新一代的 BEPCⅡ和精度更高、性能更稳定的探测器 BESⅢ，就要根据高能物理实验的新要求对 BEPCⅡ中各部件进行新的设计，包括 BESⅢ束流管，同时为了保证 BEPCⅡ的正常运行，需要对束流管的相关安全稳定性进行研究，我们的研究课题正是在此背景下提出的。

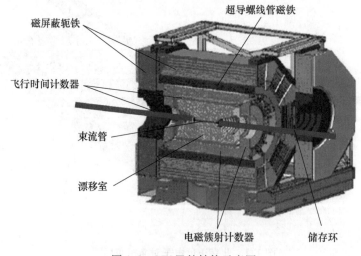

图 1.2　BESⅢ的结构示意图

1.2 国内外束流管

1.2.1 BES 束流管

如图 1.3 所示，BES 束流管安装在 BES 的子探测器——漂移室的内筒中，BEPC 在运行时会在 BES 束流管的内壁产生热负荷，由于 BEPC 的亮度比 BEPCⅡ的亮度低两个数量级，在束流管内壁作用的较少热负荷可以通过空气带走，BES 束流管的外壁温度最高为 60 ℃，对距离 BES 束流管外壁 75 mm 远的碳素纤维主漂移室内筒没有影响，因此 BES 束流管中没有冷却结构的设计，其基本结构为长4300 mm、壁厚 2 mm 的铝筒，由中央的对撞管和左右两端的延伸管组成[6]，其中延伸管长 1285 mm，材料为铝，两端均为不锈钢标准 CF150 法兰，一端与对撞管相连，一端与储存环相连；对撞管是正负电子经碰撞后的次级带电粒子通过的区域，长 1730 mm，内径为 $\phi 150$ mm，两端为不锈钢标准 CF150 法兰，与延伸管进行真空密封连接。

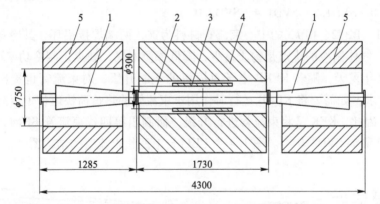

图 1.3 BES 束流管结构及安装示意图

1—束流管延伸管；2—束流管对撞管；3—漂移室内筒；4—漂移室；5—端面簇时计数器

对于对撞管来说，考虑到物理和机械结构的综合要求，用铍作为材料最有吸引力，但当时能进行高真空铍加工的仅有美国一家公司，且价格昂贵，高达 10 万美元，受资金限制，BEPC 放弃了用铍作为对撞管材料的方案，采用另外两种方案研制对撞管。

第一种方案是研制以铝为材料的对撞管。在安全因子为 3.0 条件下，对撞管壁厚为 2 mm，基本满足物理要求，且结构安全具有可加工性。这根结构为$\phi 150$ mm×2 mm 的铝对撞管最后研制成功并运行于 BES。

第二种方案是研制以铝和碳纤维环氧增强材料的组合为材料的对撞管[7]。在满足物理实验要求的小物质量前提下，壁厚较小的铝管内衬可以获得较高真空度，为了提高对撞管的强度，在外部缠绕碳纤维环氧增强材料，采用当时最先进的工艺手段，经多次失败和改进后，组合材料对撞管先是获得模型的成功，随后获得产品的成功。组合材料对撞管长 1730 mm，内径 ϕ150 mm，铝管壁厚为 0.2 mm，铝管外缠绕 1.8~2.0 mm 碳纤维环氧增强材料。这根对撞管在 150 ℃下进行 48 h 烘烤后，表面变形在 5‰之内，真空度达 6×10⁻⁸ Pa，满足 BEPC 工程及物理实验的要求，受到了国内外专家的高度赞赏[8,9]。

1.2.2 国外束流管

与我国交流较多的主要是 KEKB 和 CESR，它们分别由日本科研机构 KEK 和美国 Cornell 大学建造，其探测器分别称之为 BELLE 和 CLEO。

1.2.2.1 BELLE 束流管

BELLE 的束流管和内漂移室组装在一起，称之为顶点探测器（SVD）[10]。自 1999 年建造以来，根据物理实验的要求，KEKB 的束流管不断进行升级，束流管的发展共经历了四代，称之 BP#1、BP#2、BP#3、BP#4，与之对应的 SVD 称之为 SVD1.0、SVD1.2、SVD1.4、SVD2.0。

BP#1、BP#2、BP#3 的中心束流管材料为铍，两端焊接铝环，其冷却介质为氦气[11]。气体制冷的优点是物质量少，降低探测本底，缺点是制冷功率小。

2002 年夏天，随着 KEKB 电子对撞机的不断升级，对束流管也提出了更高的功能要求，如需要将 KEKB 运行时作用于束流管的热负荷快速带走以降低探测本底等。因此，KEK 又将束流管进行升级，研制出第四代束流管 BP#4，与之对应的 SVD 称为 SVD2.0[12]。图 1.4 为 BELLE 第四代束流管的结构图[13]。

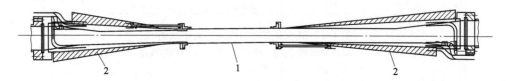

图 1.4　BELLE 第四代束流管的结构图
1—中心束流管；2—外延束流管

BP#4 的总长为 943.5 mm，内径为 ϕ20.0 mm，由三部分组成，即中心束流管和两端的外延束流管。中心束流管长 160.0 mm，由内铍管、外铍管和两个铝放大腔组成，内外铍管之间形成间隙为 0.5 mm 的冷却通道，铝放大腔形状为方形，中心束流管的冷却介质为一种石蜡油 PF-n，外延束流管材质为铜，冷却介质为水。

1.2.2.2 CLEO 束流管

CLEO 自 1979 年建造以来共进行过两次升级和改造，CLEO Ⅲ 是 CLEO 实验的第三个阶段[14-16]。图 1.5 是 CLEO Ⅲ 束流管的结构图[17]。

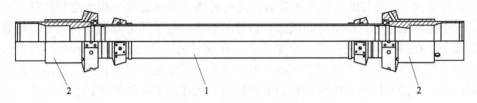

图 1.5 CLEO Ⅲ 束流管的结构图
1—中心束流管；2—外延束流管

CLEO Ⅲ 的束流管总长 593 mm，内径 ϕ40 mm，由三部分组成，即中心束流管和两端的外延束流管。中心束流管由内外铍管和两个铝放大腔组成，中心束流管的冷却介质为一种石蜡油 PF-200，外延束流管材质为铜，冷却介质为水[18]。

1.3 束流管冷却系统

在束流管中，最重要最关键的部分是中心铍管部分。由于中心铍管的结构比较薄弱，而且所用材料的物理性质较特殊，因此该段的冷却是冷却系统设计中最重要的部分。日本 KEK 的第四代铍束流管采用了石蜡油 PF-n 进行冷却，主要冷却流程如图 1.6 所示[19]。

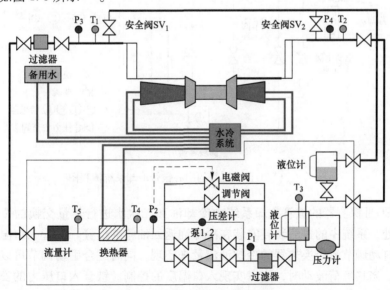

图 1.6 BELLE 第四代束流管的铍管冷却系统流程图

在日本 KEK 的 BELLE 探测器中只有束流管的铍管部分采用 PF-n 进行冷却，其余部分均采用水冷却。在 PF-n 冷却油循环回路中，采用了双泵设计，互为备份，并且在泵的进口以及铍管的进口安装了过滤器，在关键位置设置了压力点 P 和温度测点 T。冷却油在进入铍管前，先经过换热器与二次冷却水进行换热，将系统中的热量带走，控制冷却液进入铍管的温度。为了保证薄壁结构的中心铍管的安全，在进出口各安装了一个安全阀，在超过危险压力后，安全阀开启卸压。系统流量调节是通过改变调节阀的开度来改变回流流量实现的，同时检测泵的出口压力，根据出口压力的大小控制电磁阀的开关保证了冷却系统的压力安全。系统冷却能力为 200 W，在流量 2 L/min 时可以达到冷却要求，该冷却系统最大流量可以到 3 L/min，中心铍管的进口压力小于 0.1 MPa。

美国 Cornell 大学 CLEO Ⅲ 中的铍管部分冷却流程如图 1.7 所示[20]。该冷却系统作为模块化设计，也可以对 RICH 探测器（ring-imaging cherenkov detector）、中心漂移室（central drift chamber）、硅顶点探测器（silicon microstrip vertex detector）进行冷却，所使用介质为 PF-200。

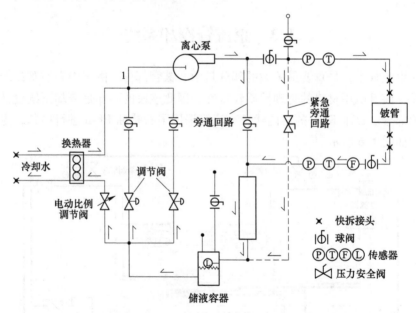

图 1.7　CLEO Ⅲ 束流管的中心铍管冷却系统流程图

CLEO Ⅲ 探测器的铍管冷却系统中冷却油和二次水进行热量交换的位置在泵的入口处，系统中的过滤装置安装在冷却油返回油箱的位置。铍管入口温度通过计算机自动调节流经换热器的冷却油流量来实现，同时配合手动调节可以增大调节范围，当热负荷波动时，可以实现入口温度的控制。铍管入口压力的安全保护通过在入口处设置一个安全阀实现。该冷却系统的设计参数是：最大冷却液流量是 23 L/min；最大冷却能力是 1 kW；最大压力为 690 kPa；温度调节范围为 287～299 K，控制精度高于 ±0.3 K；流体最大过滤器精度为 75 μm。

CLEO Ⅲ 中的铍管冷却系统采用了小型逻辑控制器（SLC）实现了可靠的自动化控制，上位机采用了实验室虚拟仪器 LabView 开发的监控界面进行远程监控。

1.4　本书主要内容

我们针对束流管在 BEPC Ⅱ 工程运行中的需要，根据高能物理实验对束流管的各种要求和束流管自身的安全性能要求，围绕 BEPC Ⅱ/BES Ⅲ 束流管系统全面开展束流管系统设计、交变辐射热负荷下束流管系统温度场和应力场有限元分析、辐照条件下束流管关键材料铍和支撑法兰关键材料玻璃纤维增强复合材料（GFRP）性能研究、束流管冷却系统的研制及温度场和应力场实验等相关研究。我们的主要研究内容包括：

（1）根据束流管在 BEPC Ⅱ 中的实际工作环境，综合考虑力学和物理等方面的因素，对束流管进行结构优化设计研究。

（2）基于束流管的有限元模型，对束流管进行温度分析和应力分析，研究多种因素对束流管温度场和应力场的影响及束流管在交变辐射热负荷下的交变辐射热应力和疲劳寿命，保证束流管结构可靠且外壁温度变化满足漂移室内筒内壁的温度要求。

（3）研究辐照作用下束流管关键材料铍在冷却介质 1 号电火花加工油（EDM-1）中的冲刷腐蚀性能和力学性能，保证束流管的安全可靠性。

（4）研究辐照作用下束流管支撑法兰关键材料 GFRP 的力学性能、热性能和电绝缘性能，保证支撑法兰的安全可靠性。

（5）根据束流管内辐射热负荷的不确定性和随机性特点，研制束流管冷却系统，开发冷却系统的自动监控系统，以满足束流管的工作要求。

（6）依托束流管冷却系统和 1:1 模型件进行实验研究，并将理论计算结果与实验测量结果进行对比，以验证有限元模型建立的可靠性，进一步说明束流管结构设计的合理性。

看彩图

2 束流管系统优化设计

束流管位于 BESⅢ 的核心位置，BESⅢ 的各子探测器以层层包围的形式安装在束流管外围，一旦束流管发生故障，将影响 BESⅢ 进行正常的粒子探测，影响到 BEPCⅡ 工程的正常运行，因此束流管在整个 BEPCⅡ 工程中具有举足轻重的地位，其设计工作也显得尤为重要和关键。

2.1 束流管的设计要求

2.1.1 总体尺寸要求与连接

在美国 Cornell 大学和日本 KEK 的对撞机中，对撞区空间较大，尤其是日本，其束流管安装空间富余，甚至使用吊车安装束流管。相比来说，BEPCⅡ 的周长小，而且还要在原有的单环隧道内增加一个环，因此空间十分紧张，这一点在对撞区显得尤为突出。图 2.1 为 BESⅢ 中束流管的安装空间示意图。

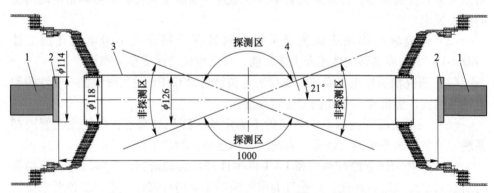

图 2.1 BESⅢ 中束流管的安装空间示意图

1—加速器真空盒；2—CF63 法兰；3—漂移室内筒；4—束流管安装空间

漂移室是 BESⅢ 最里层的子探测器，紧临束流管，其主要部件是内筒和外筒，其中内筒最小内径为 $\phi118$ mm，最大内径为 $\phi126$ mm，壁厚 1 mm，材料为碳纤维环氧树脂合成材料，外筒最大外径为 $\phi1620$ mm，内外筒之间共有 28936 根信号丝和场丝，其中 $\phi25$ μm 镀金钨丝为灵敏丝；$\phi110$ μm 镀金铝丝为场丝，漂移室内充满氦气和丙烷的混合气体，其中氦气占 60%，丙烷占 40%[21-23]。束流管安装在漂移室内筒中，两端分别与加速器真空盒上的 CF63 法兰（内径 ϕ63 mm，外径 ϕ114 mm）连接。为了实现真空密封连接，在束流管的结构设计中，两端也必须是内径 ϕ63 mm、外径 ϕ114 mm 的真空法兰，两个 CF63 法兰相距 1000 mm，因此束流管总长为 1000 mm。

束流管的安装和连接要求决定了束流管的外形尺寸为外径 ϕ114 mm，长 1000 mm。受 ϕ118 mm 狭小安装空间的限制，进行束流剂量率探测的 6 个剂量率探测器、若干信号线及冷却管线也要安装在束流管自身内。

2.1.2 束流管的材料要求

高能物理实验对束流管的材料提出了以下要求：

（1）低磁导率。正负电子在对撞之前要利用多级磁铁进行聚焦，为了保证正负电子的正常聚焦，避免对聚焦磁场产生干扰，束流管的所有材料都必须是低磁性的，磁导率小于 1.05[24]。

（2）探测区物质量小，非探测区物质量大。在图 2.1 中，以 BESⅢ的中心为坐标原点、漂移室内筒轴线方向为 x 轴建立坐标系，BESⅢ进行粒子探测时的探测立体角为 21°，对束流管来说，中间部分位于探测区，两端部分位于非探测区。物理实验中为了降低探测本底，提高对末态粒子的动量分辨率，要求探测区内材料的物质量越小越好，即材料密度越小越好，壁厚越小越好（幻想零壁厚），对于非探测区，为了最大程度地减少同步辐射产生的散射光子进入探测区，要求非探测区内材料的物质量越大越好，即材料密度越大越好，在空间允许的条件下壁厚越大越好。

2.1.3 束流管的结构要求

根据物理学的要求，BESⅢ束流管内表面必须光滑没有台阶，以减少高频损失，在此前提下，BESⅢ束流管在结构上还必须满足以下要求。

（1）冷却束流管。改造后的 BEPCⅡ亮度比 BEPC 提高两个数量级，BEPCⅡ运行时将会有更多的热负荷作用于束流管的内表面，这些热负荷主要来自同步辐射光和高次模辐射光，其热功率会随着磁铁的安装精度、束流控制精度和束流性质的改变而改变。

金大鹏、周能锋等人采用蒙特卡罗法对束流本底进行了模拟，得到同步辐射热负荷和高次模辐射热负荷在束流管内壁的分布情况如下[25,26]。

高次模辐射光在束流管内壁全长表面均匀分布，其功率最大为 600 W。

同步辐射光在束流管内壁水平位置即 x 轴位置分布，功率大小和分布位置均随着束流交叉角的不同而变化，具体情况为：

1）束流交叉角变化为 0 mrad 时，同步辐射分布如图 2.2 所示，在宽 2 mm 窄带内，沿 y 方向分布不均匀，沿轴向 z 方向对称分布。在长 $-134\sim+134$ mm 范围内，功率大小为 1.0 W，平均面功率为 2000 W/m²，局部最大面功率为 4000 W/m²；在 $-194\sim-134$ mm 范围内，功率大小为 0.25 W，平均面功率为 2000 W/m²，局部最大面功率为 4000 W/m²；在 $-436\sim-194$ mm 范围内，功率大小为 2.2 W，平均面功率为 5000 W/m²，局部最大面功率为 15000 W/m²；在 $-500\sim-436$ mm 范围内，功率大小为 3.5 W，平均面功率为 15000 W/m²，局部最大面功率为 30000 W/m²。

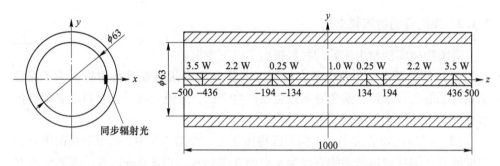

图 2.2　束流角变化为 0 mrad 时，同步辐射分布

2）束流交叉角变化为 +2 mrad 时，同步辐射分布如图 2.3 所示，在宽 2 mm 窄带内，沿 y 方向分布不均匀，沿轴向 z 方向对称分布。在长 $-134\sim+134$ mm 范围内，功率大小为 0 W；在 $-194\sim-134$ mm 范围内，功率大小为 0 W；在 $-436\sim-194$ mm 范围内，功率大小为 25 W，平均面功率为 50000 W/m²；在 $-500\sim-436$ mm 范围内，功率大小为 11 W，平均面功率为 45000 W/m²。

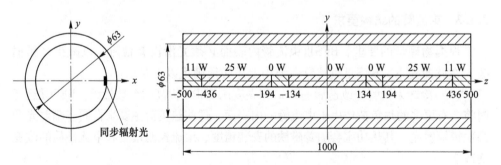

图 2.3　束流角变化为 +2 mrad 时，同步辐射分布

3）束流交叉角变化为 -2 mrad 时，同步辐射分布如图 2.4 所示，在宽 2 mm 窄带内，沿 y 方向分布不均匀，沿轴向 z 方向对称分布。在长 $-134\sim+134$ mm 范围内，功率大小为 20 W，平均面功率为 40000 W/m²，局部最大面功率为 60000 W/m²；在 $-194-134$ mm 范围内，功率大小为 5 W，平均面功率为

40000 W/m²,局部最大面功率为 60000 W/m²;在 −436 ～ −194 mm 范围内,功率大小为 16 W,平均面功率为 40000 W/m²,局部最大面功率为 60000 W/m²;在 −500 ～ −436 mm 范围内,功率大小为 3.6 W,平均面功率为 30000 W/m²,局部最大面功率为 60000 W/m²。

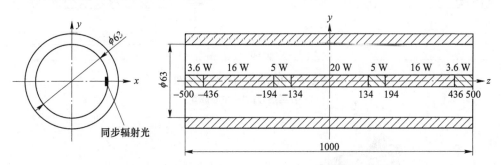

图 2.4 束流角变化为 −2 mrad 时,同步辐射分布

漂移室利用其内部场丝进行粒子探测,过高的热量会在漂移室内产生过高的本底,过大的温度变化幅度会使场丝产生严重的老化问题,甚至使粒子探测变得不可能。根据物理实验的要求,束流管在结构上必须具备冷却功能,将作用于束流管上的热负荷带走,使漂移室内筒的内壁面温度控制在(293±2)K,以保证漂移室内场丝的正常粒子探测。

(2)高真空度。探测器本底随真空度变化有明显变化,为满足物理学上降低探测本底的要求,束流管在与加速器真空盒上的 CF63 法兰连接完毕后必须具有良好的密封性能,在 443 K 高温烘烤抽真空后,真空度需要达到 8×10^{-8} Pa,整体氦检漏率需要达到 2.66×10^{-11} Pa·m³/s,因此,束流管中所用材料要尽量为真空材料。

(3)高强度。束流管要具有一定的强度,以保证在高真空条件下不失稳,在工作条件下具有一定的安全系数。

2.2 束流管的结构设计

根据探测区和非探测区的物质量要求不同,参考美国 Cornell 大学[17]、日本 KEK[10] 及瑞士 CERN[27] 的束流管分段式结构,BES Ⅲ 中束流管也采取分段式结构,束流管由中心铍管、左外延铜管和右外延铜管三部分组成,左外延铜管和右外延铜管分别位于中心铍管两端,结构对称,中心铍管和外延铜管之间为焊接结构。图 2.5 为 BES Ⅲ 束流管的结构图,图 2.6 为束流管的外形图。

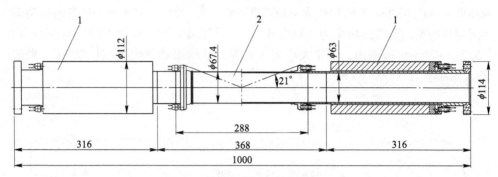

图 2.5　BESⅢ束流管的结构图

1—外延铜管；2—中心铍管

图 2.6　束流管外形图

2.2.1　中心铍管的结构设计

如图 2.7 所示，中心铍管是总长为 368 mm 的薄壁夹层圆筒，由六个部件组成：外铍管、内铍管、两个铝放大腔、两个过渡银环。位于探测区（见图 2.1）的内铍管和外铍管材料为铍，位于非探测区的铝放大腔材料为防锈铝（5A06），过渡银环材料为银镁镍合金（AgMgNi17-15）。

外铍管长 218 mm，内径 φ66.2 mm，外径 φ67.4 mm；铝放大腔长 35 mm，内径 φ66.2 mm，最大外径 φ96 mm，最小外径 φ67.4 mm，铝放大腔不同外径之间为圆弧过渡，以避免应力集中；内铍管长 288 mm，内径 φ63 mm，壁厚为变值，左右两端 21.5 mm 长度范围内，壁厚为 1.6 mm，中间 229 mm 长度范围内，壁厚为 0.8 mm，不同壁厚之间各经过 8 mm 的平滑过渡，同时，内铍管外表面在径向均布 6 条高 0.8 mm、宽 0.8 mm 的筋板。外铍管两端分别与铝放大腔焊接，形成总长 288 mm 的连接体，再与内铍管套装在一起，这样就形成了间隙 0.8 mm 的冷却腔，冷却腔被 6 个筋板分为 6 个流道。在束流管内壁辐射热负荷作用下，

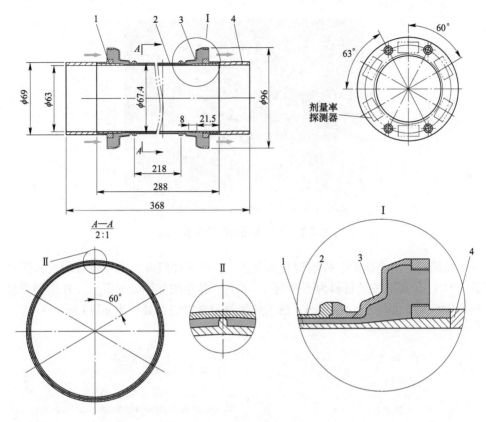

图 2.7 中心束流管结构图
（图中阴影部分为冷却介质流过的区域，箭头所指为冷却介质流向）
1—内铍管；2—外铍管；3—铝放大腔；4—过渡银环

内外铍管之间存在热应变差，铝放大腔除了可以吸收内外铍管热应变之差外，也是中心铍管冷却介质进出的地方，冷却介质从左端铝放大腔的 4 个口流入，经 6 个流道从右端铝放大腔的 4 个口流出，实现对中心铍管的冷却。

过渡银环内径 $\phi63$ mm，外径 $\phi69$ mm，长 40 mm，以保证外表面有足够空间安装 6 个剂量率探测器（长×宽×高 = 20 mm×24 mm×12 mm），实现对束流管周围剂量率的在线测量。如图 2.8 所示，3 个剂量率探测器为一组焊接在厚度 0.5 mm 直径 $\phi69$ mm 半圆铜箍上，两个半圆铜箍通过螺栓对接固定在过渡银环上[28]。过渡银环还起到了方便中心铍管和外延铜管焊接的作用，避免了束流管整体焊接过程中出现 3 个零件共焊接面的情况。

2.2.2 外延铜管的结构设计

外延铜管分为左右外延铜管，分别位于束流管的两端，关于中心铍管左右对称。

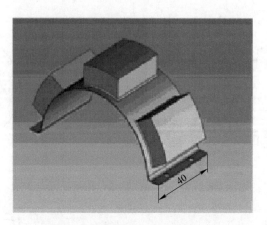

图 2.8　剂量率探测器的安装形式

　　外延铜管由内铜管、外铜管及真空法兰三个部件组成，内外铜管材料为无氧铜（TU1），真空法兰材料为不锈钢（316L），其结构如图 2.9 所示。外延铜管总长为 316 mm，内径为 ϕ63 mm，最大外径位于真空法兰处，为 ϕ114 mm。

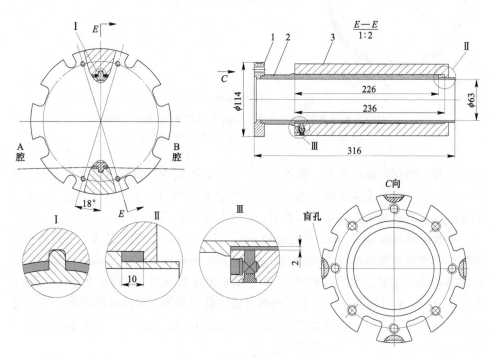

图 2.9　外延束流管结构图

1—真空法兰；2—内铜管；3—外铜管

内铜管外径为 ϕ69 mm，内径为 ϕ63 mm，使束流管成为内壁无台阶的光滑壁面；外铜管内径 ϕ73 mm，壁厚 19.5 mm。内铜管与外铜管套装在一起，左右两端密封焊接，形成一个长 236 mm、间隙 2 mm 的封闭冷却腔，如图 2.9 中的阴影部分。同时内铜管外壁上对称分布两个长为 226 mm、高 4.5 mm 的棱，这就在长度 226 mm 的范围内将冷却腔分为两部分，称之为 A 冷却腔和 B 冷却腔，在右端 10 mm 的区域 AB 两个冷却腔相通形成合成腔。

外延铜管冷却介质管路设计为两个进口两个出口，在如图 2.9 所示的外铜管左端面打孔形成冷却介质的进口和出口。当冷却介质从进口进入 A 冷却腔后，在流体压力作用下，流向合成腔，再从合成腔进入 B 冷却腔，流回出口，实现对外延铜管的冷却。冷却介质从外延铜管同一端进出的设计，可以使冷却管线直接从真空法兰表面的凹槽引出，以满足束流管在 ϕ118 mm 狭小安装空间内的管线布置，同时，外铜管外表面设计有凹槽，供中心铍管上的信号线和冷却管线引出。真空法兰的外表面均布有 4 个盲孔，这 4 个盲孔与漂移室锥面上的 4 个螺钉配合对束流管进行安装及定位。

2.3　束流管的材料选择

在束流管的设计中，内外铍管材料为铍，铝放大腔的材料为防锈铝，内外铜管材料为无氧铜，真空法兰材料为不锈钢，过渡银环的材料为银镁镍合金。

束流管材料的选择主要兼顾以下五方面的考虑：

（1）实现束流管高真空度的要求。主要的金属真空壳体材料是以铁、铜、铝为基础的金属及其合金，如低碳钢、不锈钢、无氧铜等。

（2）材料物质量的要求。探测区材料密度要小，非探测区材料密度要大。

（3）束流管的强度要求。束流管所选材料的强度要高。

（4）材料的焊接性。材料焊接性能要好，以保证加工的可行性。

（5）材料的磁导率。束流管中所用材料的磁导率要均小于 1.05。

表 2.1 是针对铍（Be）、镁（Mg）、防锈铝（5A06）、钛（Ti）、不锈钢（316L）、无氧铜（TU1）、银镁镍合金（AgMgNi17-15）等六种可行结构材料的密度 ρ、屈服强度 σ_s、抗拉强度 σ_b、弹性模量 E 的比较。

表 2.1　几种材料的物理性能比较

物理性能	Be[29]	Mg[30,31]	5A06[32]	Ti[33]	316L[34]	TU1[35,36]	AgMgNi17 15[37]
ρ/kg·m^{-3}	1844	1740	2640	4500	8000	8940	10400
σ_s/MPa	240	21	205	140	380	300	360
σ_b/MPa	370	90	370	220	585	370	420
E/GPa	303	44	68.6	116	193	117.2	76

　　从表 2.1 可以看出，铍与铝、镁以及钛相比，具有密度小、比强度（强度与密度的比值）大、比热容大、导热性好、弹性模量大等特性。密度小恰恰满足物理实验对探测区的低物质量要求；比强度是表示材料特性的一个指标，即在保证一定强度的情况下，用铍做结构材料，其质量最少，即物理量最少；比热容大，吸收能力强，对热膨胀的适应性好，在温度升高或降低时，力学性质变化慢；热导率大，在相同条件下可以降低材料不同部位的温度差，使铍管的温度均匀性得到改善；铍的弹性模量约为镁的 7 倍，约为铝的 4 倍，约为钛的 3 倍，弹性模量大，说明引起单位面积应变所需要的应力大，即在同样应力下，铍材料的应变相对最小，综上所述，铍成为中心管的最佳选择材料。

　　不同工艺流程所生产的铍的力学性能是不同的，含微量的杂质（特别是混杂有氧时）以及金属各向异性的程度，对铍力学性能都产生很大影响。挤压的铍是各向异性的，所以，轧制态铍不能作为中心管的材料，粉末冶金和铸造的金属铍中未出现力学性质各向异性的迹象，但铸造的铍因铸锭晶粒粗大易发生内部破裂和其他缺陷，故加工困难，即使不采用普通熔铸而在真空熔铸的条件下得到的真空熔铸锭晶粒依然异常粗大，力学性能差，杂质元素易引起热脆和向心裂纹，很难得到较理想的金属制品。铍通常采用粉末冶金法成形，即铍粉经真空热压得到完整的热压坯料，具有较好的力学性能，因此，粉末冶金态铍成为束流管中心管的理想材料。

　　无氧铜是一种密度大、强度高的金属材料，满足物理实验对非探测区材料高物质量的要求，成为非探测区的材料。但铍和铜之间的焊接性能差，而银和铍之间、银和铜之间均具有良好的焊接性，因此要实现铍和铜的焊接，二者之间必须有过渡材料，这也是银合金成为过渡环材料的原因，同时由于银合金的导热性能良好，可以将过渡段的热负荷传导至冷却段，通过冷却介质带走，实现对过渡段的冷却，避免过渡段温度过高，过渡段材料热导率对冷却效果的影响将在 4.2.8 节中进行详细介绍。真空法兰材料选用真空设备中常用的不锈钢，以实现与加速器真空盒上两个 CF63 法兰的真空密封连接，316L 是磁导率较低的一种不锈钢材料，用来制作束流管的真空法兰。中科院高能物理研究所采用 Severn Engineering Co., INC 生产的低磁导率检测仪对铍、防锈铝、无氧铜、不锈钢、银镁镍合金的磁导率进行测量，其值均小于 1.05，满足物理实验对束流管提出的低磁导率要求。

2.4　束流管的冷却介质

　　在束流管的各段结构设计中均有冷却腔的设计，持续的冷却介质流过中心铍管和外延铜管的冷却腔实现对束流管的冷却，为了能够将束流管外壁温度控制在（293±2）K，同时满足 BEPCⅡ安全运行 10 年的要求，必须对冷却介质进行深入研究。

2.4.1 冷却介质的选择

外延铜管的冷却介质选择去离子水。水是工业中常用的冷却介质，其优点是比热容大，热导率高，而且水对铜没有腐蚀，外延铜管选用更为纯净的去离子水作为冷却介质，目的是避免产生水垢影响冷却效果。

在 40 ℃的常温下，空气不会对铍造成腐蚀，但氧气和水蒸气对铍有一定的腐蚀，因此，考虑到 BEPCⅡ运行的绝对可靠性，不能选择水作为中心铍管的冷却介质。

美国的 CLEO 实验中，其中心铍管的冷却介质为一种石蜡油 PF-200，PF-200 具有较好的冷却性能，能够满足 CLEO 的实验要求，其研究还发现，PF-200 对铍略有腐蚀，但腐蚀性很小，CLEO 忽略了 PF-200 对铍的腐蚀性。

日本 KEK 在 SVD1.4 中，曾用氦气（He）作为束流管的冷却介质，并出现过铍管氦气泄漏的现象。在 SVD2.0 中，KEK 采用液体作为中心铍管的冷却介质，由于 CLEO 已经将 PF-200 作为其中心铍管的冷却介质并证明是可行的，于是 KEK 找到一种物性与 PF-200 近似的石蜡油 PF-n 作为其中心铍管的冷却介质，并针对 PF-n 对铍的腐蚀性能进行了实验，研究人员将 13 g 的铍浸泡在 PF-n 中，经过 1 年半的浸泡后，铍的重量下降了约 2 mg，这说明 PF-n 对铍具有一定的腐蚀性，但此微小腐蚀并不会对其中心铍管造成破坏，PF-n 成为 SVD2.0 中心铍管的冷却介质。

BESⅢ束流管的设计使用寿命为 10 年，为保证其长期工作的安全性，在进行中心铍管冷却介质选择时，考虑冷却介质在对中心铍管冷却效果的同时，还要考虑到冷却介质不能对铍产生破坏性腐蚀，由于冷却介质的长期使用，必须还要考虑介质的易于获取性。CLEO 所用的 PF-200 和日本所用的 PF-n 在国内无法获得，我们需要寻找新的冷却介质对中心铍管进行冷却。

根据 BEPCⅡ工程运行对中心铍管冷却介质的要求，中国石油化工股份有限公司润滑油分公司生产的长城牌 1 号电火花加工油（EDM-1），成为中心铍管的备选冷却介质。EDM-1 冷却性好，闪点较高，安全性好，流动性好，操作时烟雾和气味低，它不含芳香族化合物，挥发性低，无毒，使用安全，对操作者的健康和工作环境不会造成危害或不良影响。

在束流管 10 年的运行时间内，中心铍管一面暴露于空气中，另一面浸泡于冷却介质中，对于内铍管和外铍管这种薄壁筒来说（束流管的内铍管壁厚只有 0.8 mm，外铍管壁厚只有 0.6 mm），任何微小腐蚀都有可能影响中心铍管的安全性能，严重的腐蚀可能使束流管焊缝遭受破坏，从而影响整个束流管乃至

BEPCⅡ的正常运行。为了确保工程运行的可靠性，必须对铍在冷却介质中的腐蚀性能进行深入详细的研究。

2.4.2　冷却介质的压力要求

薄壁壳体承受外压后，有时会突然产生失去自身原形的压扁或折皱现象，器壁内的应力由单纯的压应力变为主要是弯曲应力，此即为失稳现象，此刻对应的外压力称为临界压力。当外压力超过临界压力时，壳体产生永久变形而不能正常工作，甚至会引起破坏，若知道临界压力，在工程设计中便可以设法使实际压力小于临界压力，保证设备的正常工作。束流管工作时，其内部真空度将达到 8×10^{-8} Pa。为了满足物理实验对探测区物质量的要求，束流管设计中内外铍管壁厚都很小，分别为 0.8 mm 和 0.6 mm，受束流管安装空间的限制，内外铜管的壁厚也只有 3 mm 和 19.5 mm。为了保证束流管在工作过程中不发生真空失稳，对束流管的内铍管和内铜管进行了真空失稳校核计算。

外压容器的临界失稳载荷由式（2.1）表示[38]：

$$p_{cr} = \frac{2Et^3}{(1 - \mu^2)(R_1 + R_2)^3} \qquad (2.1)$$

式中，p_{cr} 为外压容器的临界失稳压力，Pa；E 为弹性模量，Pa；t 为薄壁管壁厚，m；μ 为泊松比，无量纲；R_1 为薄壁管内半径，m；R_2 为薄壁管外半径，m。

表2.2列出了根据式（2.1）计算得到的内铍管和内铜管的临界压力值。

表2.2　内铍管和内铜管的临界压力

零件名称	材料	弹性模量 E/Pa	泊松比 μ	壁厚 t/m	内径 R_1/m	外径 R_2/m	临界压力 p_{cr}/Pa
内铍管	Be	3.03×10^{11}	0.10	0.0008	0.0315	0.0323	1.21×10^6
内铜管	TU1	1.17×10^{11}	0.33	0.0030	0.0315	0.0345	24.70×10^6

由表2.2可以看出，内铍管内外压差可以达到 1.21 MPa，内铜管内外压差可以达到 24.70 MPa，即束流管在内部真空条件下，内铍管可以承受 1.21 MPa的外压，内铜管可以承受 24.70 MPa的外压。但在工程运行中，要求工作压力应比临界压力小 m 倍[39]，即：

$$p_1 = \frac{p_{cr}}{m} \qquad (2.2)$$

式中，p_1 为工作压力，Pa；p_{cr} 为临界压力，Pa；m 为稳定系数，对圆筒壳取 $m = 3$。

因此，中心铍管冷却介质的工作绝对压力不得大于 0.40 MPa，外延铜管冷却介质的工作绝对压力不得大于 8.23 MPa，以免发生真空失稳。

2.4.3 冷却介质的流速要求

受束流管狭小安装空间的限制，束流管冷却介质管线均选择 $\phi 8\ mm \times 1.1\ mm$ 的聚氨酯软管。1 号电火花加工油从 4 根进口聚氨酯软管流入中心铍管，从另一端的 4 根聚氨酯软管流出，对中心铍管进行冷却；去离子水从 2 根进口聚氨酯软管流入外延铜管，从 2 根出口聚氨酯软管流出，对外延铜管进行冷却。表 2.3 列出了冷却介质 1 号电火花加工油和去离子水的物理性能，其中 1 号电火花加工油的物理性能由华东理工大学物理化学实验室测量，测试温度为 293~296 K。

表 2.3 冷却介质的物理性能

物理性能	1 号电火花加工油	去离子水
密度 $\rho/kg \cdot m^{-3}$	810	998.2
比热容 $c_p/J \cdot (kg \cdot K)^{-1}$	1517	4183
热导率 $\lambda/W \cdot (m \cdot K)^{-1}$	0.165	0.599
运动黏度系数 $\nu/m^2 \cdot s^{-1}$	2.290×10^{-6}	1.006×10^{-6}
动力黏度 $\mu/Pa \cdot s$	1.855×10^{-3}	1.004×10^{-3}

冷却介质对中心铍管和外延铜管进行冷却时，有能量守恒公式：

$$v = \frac{Q}{c_p \cdot \Delta T \cdot \rho \cdot A_c} \tag{2.3}$$

式中，v 为流体平均速度，m/s；Q 为热流量，W；c_p 为流体比热容，$J/(kg \cdot K)$；ΔT 为温度差，K；ρ 为流体密度，kg/m^3；A_c 为流体的有效截面积，m^2。

因为聚氨酯管的有效截面积 $A_c = n \times \pi \left(\dfrac{d}{2}\right)^2 = \dfrac{\pi n d^2}{4}$，式中，$d$ 为冷却管内径，m；n 为冷却管线数目，无量纲。

因此式（2.3）可以写为：

$$v = \frac{4Q}{c_p \cdot \Delta T \cdot \rho \cdot \pi n d^2} \tag{2.4}$$

根据设计要求，漂移室内筒 $\phi 118\ mm$ 壁面温度变化幅度最大不超过 ± 2 K，因此进出束流管的冷却介质温差应尽量小，避免束流管外壁温差过大，分别取冷却介质的进出口温差为 0.5 K、1.0 K 和 2.0 K。根据同步辐射热负荷和高次模辐射热负荷在束流管内壁的分布，设中心铍管和两端外延铜管的辐射热负荷的功率均为 250 W，对冷却介质的流速进行保守估计。根据表 2.3 中 1 号电火花加工油和去离子水的物理性能，由式（2.4）计算出冷却介质在聚氨酯管线内的最小流速如表 2.4 所示。

表 2.4　一定辐射热负荷、不同进出温差下冷却介质在冷却管线内最小流速

冷却介质	冷却管线数 n	冷却管线内介质最小流速 $v/\text{m} \cdot \text{s}^{-1}$		
		$\Delta T = 0.5\ \text{K}$	$\Delta T = 1.0\ \text{K}$	$\Delta T = 2.0\ \text{K}$
1 号电火花加工油	4	3.85	1.93	0.963
去离子水	2	2.26	1.13	0.566

要满足进出口冷却介质温差为 0.5 K，1 号电火花加工油和去离子水流速需要达到 3.85 m/s 和 2.26 m/s，当冷却介质进出口温差为 2.0 K 时，1 号电火花加工油和去离子水流速只需要达到 0.963 m/s 和 0.566 m/s。

冷却介质在中心铍管和外延铜管这种管槽内流动时，其冷却通道的当量直径为[40]：

$$d_{\text{e}} = \frac{4f}{U} = \frac{4\dfrac{\pi(D_1^2 - D_2^2)}{4}}{\pi(D_1 + D_2)} = D_1 - D_2 \qquad (2.5)$$

式中，f 为管槽道的截面积，m^2；U 为湿润周长，即管槽壁面与流体接触的周长，m；D_1 为冷却通道外径，m；D_2 为冷却通道内径，m。

对于任意断面形状的管道，其雷诺数的计算式为[41]：

$$Re = \frac{vd_{\text{e}}}{\nu} \qquad (2.6)$$

式中，v 为速度，m/s；ν 为流体的运动黏度，m^2/s。

将式（2.4）和式（2.5）代入式（2.6）：

$$Re = \frac{vd_{\text{e}}}{\nu} = \frac{4Q}{\pi \cdot c_{\text{p}} \cdot \Delta T \cdot \rho \cdot \nu(D_1 + D_2)} \qquad (2.7)$$

取冷却介质的进出口温差 ΔT 为分别取 0.5 K、1.0 K、2 K；对于中心铍管的冷却通道，$D_1 = 66.2 \times 10^{-3}\ \text{m}$，$D_2 = 64.6 \times 10^{-3}\ \text{m}$；对于外延铜管的冷却通道，$D_1 = 73 \times 10^{-3}\ \text{m}$，$D_2 = 69 \times 10^{-3}\ \text{m}$；热流 $Q = 250\ \text{W}$。

由式（2.7）可知，当 ΔT 为分别取 0.5 K、1.0 K、2 K，中心铍管的雷诺数 Re 分别为 1140、570、285，外延铜管的雷诺数 Re 分别为 2088、1044、522，所有雷诺数 Re 均小于下临界雷诺数 $Re_{\text{c}} = 2320$，此时束流管冷却腔内流体的流动状态为层流，层流状态下的冷却介质内部的传热方式主要为热传导，而束流管的热源是在束流管内壁产生，对于控制外壁温度更为有利。

根据对 1 号电火花加工油和去离子水全面的研究，结果证明，它们可以作为中心铍管和外延铜管的冷却介质运用到 BEPC Ⅱ 中去。

2.5　束流管支撑法兰设计

2.5.1　支撑法兰的结构设计

在进行 BESⅢ束流管的结构设计中，必须考虑束流管的固定安装。在 BESⅢ的总体设计中，漂移室内筒安装有束流管支撑法兰，用来安装固定束流管。支撑法兰的设计见图 2.10。支撑法兰四个角与漂移室固定连接，束流管两端真空法兰穿过其内孔，支撑法兰的四个螺钉从四个方向顶住真空法兰上的四个盲孔，实现对束流管的支撑和固定。

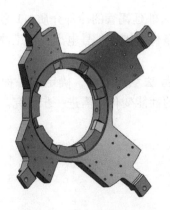

图 2.10　束流管支撑法兰

2.5.2　支撑法兰的材料选择

BEPCⅡ在 10 年的运行时间里，将会对束流管支撑法兰产生 γ 辐照和中子辐照，其中 γ 辐照的累计剂量不超过 10^4 Gy，中子辐照的累计剂量不超过 4.1×10^{18} m^{-2}。因为束流管要求束流管支撑法兰材料的剪切强度大于 45 MPa，拉伸强度大于 113 MPa，高能物理实验要求束流管与漂移室之间的绝缘电阻在 10 MΩ 以上，以满足进行物理实验的要求，所以必须找到一种耐辐照高力学性能的绝缘材料来加工制作束流管支撑法兰。

玻璃纤维增强复合材料（GFRP）由于自身良好的力学性能和电学性能，常用做支撑材料和绝缘材料[42]，国际热核聚变实验堆（ITER）认为它是超导磁铁线圈和未来核聚变反应堆中的理想绝缘材料，经由化学处理的无碱玻璃布浸以环氧树脂经烘焙热压而成的 GFRP，绝缘性达 20 MΩ 以上，电绝缘性和力学性能良好，是 BESⅢ束流管支撑法兰的备选材料。目前对玻璃纤维增强复合材料的辐照性能研究较少，K. Humer 等人根据国际热核聚变实验堆（ITER）中对高绝缘高强度复合材料的性能要求，研究了 GFRP 在其特定辐照实验条件下的力学性能，研究表明在 $1×10^{22}$ m^{-2} 快中子（$E>0.1$ MeV）辐照下，其力学性能会发生变化[43,44]，但是，针对 BESⅢ实际物理工作环境下玻璃纤维增强复合材料的辐照性能研究目前尚未见到相关报道，因此需要结合 GFRP 在 BEPCⅡ中的运用需要，重点研究其经 10^4 Gy 的 γ 辐照和 $4.068×10^{18}$ m^{-2} 的中子辐照后断纹剪切性能和拉伸性能的变化，为 BESⅢ中束流管支撑法兰的材料选择提供参考依据。

本章根据高能物理实验的要求，对 BESⅢ束流管系统优化设计进行了研究。

（1）束流管由中心铍管、左外延铜管和右外延铜管组成，左外延铜管和右外延铜管分别位于中心铍管两端，结构对称，形成内壁光滑无台阶的具有冷却结构的真空管道束流管。

（2）确定了去离子水为外延铜管的冷却介质，1 号电火花加工油为中心铍管的备选冷却介质，而辐照条件下铍在 1 号电火花加工油中的腐蚀性能仍需进一步研究。

（3）设计了束流管支撑法兰的结构，确定了一种 GFRP 为支撑法兰备选材料，而辐照条件下 GFRP 的性能变化仍需进一步研究。

3 束流管温度场有限元分析

BEPCⅡ运行时，在束流管内壁作用有辐射热负荷，引起束流管外壁温度的升高，影响漂移室的正常工作，为保证束流管在 BEPCⅡ 中的安全运行，需要对辐射热负荷下的束流管温度场进行研究，确定束流管冷却介质合适的进口温度，实现对束流管外壁温度的控制，以满足漂移室对束流管外壁温度的要求。

3.1 束流管温度场有限元模型

由于束流管结构形状的复杂性，涉及到多种不同物性的材料，而且束流管的辐射热负荷分布复杂，依靠传统的解析方法精确地确定温度场极其繁琐，有限单元法是解决该问题的方便而有效的工具。

3.1.1 传热基本方程

通常，各种复杂的传热学问题按其物理本质都可以分为三种基本类型：热传导、热对流和热辐射[45]。热传导简称导热，是指当物体内有温度差或两个不同温度的物体接触时，在物体各部分之间不发生相对位移的情况下，物质微粒（分子、原子或自由电子）的热运动进行热量传递的过程。热对流是指流体中温度不同的各部分之间发生相对位移时所引起的热量传递过程。物体通过电磁波传递能量的过程称为辐射，物体会因为各种原因发出辐射能，热辐射是指由于热的原因，物体的内能转化成电磁波的能量而进行的辐射过程。热传导和热对流都需要传热介质才能进行，而热辐射无需中间介质。

物体在传热过程中，遵循导热微分方程，导热微分方程是描述物体内部温度随时间和空间变化的微分方程，它是根据傅里叶定律和能量守恒定律建立起来的。在一般三维热传递问题中，空间 Ω 域内的瞬态温度场的场变量 $T(x, y, z, t)$ 在直角坐标中的微分方程如下[46]：

$$\rho c_p \frac{\partial T}{\partial t} = \frac{\partial}{\partial x}\left(\lambda_x \frac{\partial T}{\partial x}\right) + \frac{\partial}{\partial y}\left(\lambda_y \frac{\partial T}{\partial y}\right) + \frac{\partial}{\partial z}\left(\lambda_z \frac{\partial T}{\partial z}\right) + \dot{\Phi} \tag{3.1}$$

式中，ρ 为材料的密度，kg/m^3；c_p 为材料的比热容，$J/(kg \cdot K)$；t 为时间，s；T 为温度，K；λ_x、λ_y、λ_z 为材料沿 x、y、z 方向的热导率，$W/(m \cdot K)$；$\dot{\Phi}$ 为单位

时间内单位体积中内热源的生成热，W/m³。

微分方程式（3.1）描述的是微元体热量平衡方程。等式左边表示微元体升温所需的热量；等式右边第一、第二和第三项是由 x、y、z 方向传入微元体的热量；最后一项是微元体内热源产生的热量。微分方程描述的是：微元体升温所需要的热量与传入微元体的热量以及微元内热源产生的热量相平等。

求解导热问题，实质上归结为对导热微分方程式的求解。为了得到微分方程的唯一解，必须附加边界条件。导热问题常见边界条件可以归纳为三类：

（1）第一类边界条件（Γ_1）：给定物体边界上任何时刻的温度分布 T_w，即 $T_w =$ 常量。对于非稳态导热，给出以下的关系式：

$$t > 0 \text{ 时}, T_w = f_1(\Gamma, t) \tag{3.2}$$

（2）第二类边界条件（Γ_2）：给定物体边界上任何时刻的热流密度分布 q_w。对于非稳态导热，给定以下的关系式：

$$t > 0 \text{ 时}, -\lambda_x \frac{\partial T}{\partial x} n_x - \lambda_y \frac{\partial T}{\partial y} n_y - \lambda_z \frac{\partial T}{\partial z} n_z = f_2(\Gamma, t) \tag{3.3}$$

（3）第三类边界条件（Γ_3）：给定物体边界与周围流体间的对流换热系数 h 及周围流体的温度 T_f，第三类边界条件可表示为：

$$-\lambda_x \frac{\partial T}{\partial x} n_x - \lambda_y \frac{\partial T}{\partial y} n_y - \lambda_z \frac{\partial T}{\partial z} n_z = h(T_w - T_f) \tag{3.4}$$

式中，n_x、n_y、n_z 为边界外法线的方向余弦；$f_1(\Gamma, t)$ 为边界 Γ_1 上的给定温度，K；$f_2(\Gamma, t)$ 为边界 Γ_2 上的给定热流密度，W/m²；h 为对流换热系数，W/（m²·K）；T_w 为物体边界温度，K；T_f 为物体边界周围流体的温度，K。

Ω 域的全部边界 Γ，边界应满足：$\Gamma_1 + \Gamma_2 + \Gamma_3 = \Gamma$。

束流管内壁分布有高次模辐射热负荷和同步辐射热负荷，束流管的温度场求解属于第二类边界条件。工作状态下，束流管周围环境温度恒定，在计算束流管温度场时，在辐射热负荷一定时，经过一定时间的热交换后，束流管内部的温度将趋于稳定，即式（3.1）中 $\frac{\partial T}{\partial t} = 0$，此时三维非稳态导热微分方程式（3.1）就退化为三维稳态导热微分方程：

$$\frac{\partial}{\partial x}\left(\lambda_x \frac{\partial T}{\partial x}\right) + \frac{\partial}{\partial y}\left(\lambda_y \frac{\partial T}{\partial y}\right) + \frac{\partial}{\partial z}\left(\lambda_z \frac{\partial T}{\partial z}\right) + \dot{\Phi} = 0 \tag{3.5}$$

束流管由各个零部件组成，假设束流管每个零部件材料均匀、各向同性，忽略热导率随温度的变化，则式（3.5）可以写为：

$$\lambda\left(\frac{\partial^2 T}{\partial x^2} + \frac{\partial^2 T}{\partial y^2} + \frac{\partial^2 T}{\partial z^2}\right) + \dot{\Phi} = 0 \tag{3.6}$$

式中，λ 为材料的热导率，W/（m·K）。式（3.5）和式（3.6）描述了相同材料内部的传热过程，对于发生在不同材料之间的热传导，假定两种材料之间接触良好，这时在两种材料 I 和 II 的分界面上应该满足以下温度与热流密度连续的条件：

$$T_{\text{I}} = T_{\text{II}}, \left(\lambda \left(\frac{\partial T}{\partial x} n_x + \frac{\partial T}{\partial y} n_y + \frac{\partial T}{\partial z} n_z \right) \right)_{\text{I}} = \left(\lambda \left(\frac{\partial T}{\partial x} n_x + \frac{\partial T}{\partial y} n_y + \frac{\partial T}{\partial z} n_z \right) \right)_{\text{II}} \quad (3.7)$$

3.1.2 稳态温度场的有限元法

有限元法是一种根据变分原理来求解连续场问题的数值方法，它将连续体离散化成由有限个单元在节点处相连的组合体，以求解各种力学问题，故称有限元法。用有限元法进行温度场分析的基本思想就是，将复杂结构离散成为互不重叠的形状简单的单元，在单元局部域内选取近似函数进行插值，再迭加成最后的控制方程[47]。建立稳态热传导问题有限元格式的一般过程可叙述如下。

温度场有限元法计算的基本方程通常从微分方程出发用权余法求得，在权余法中，伽辽金法应用最为广泛，下面说明用伽辽金法建立稳态热传导三维问题有限元格式的过程。构造近似温度场函数 $\tilde{T}$，并设 $\tilde{T}$ 已满足第一类边界条件式（3.2）。将 $\tilde{T}$ 代入场方程式（3.5）及边界条件式（3.3）和式（3.4）。因 $\tilde{T}$ 的近似性，将产生余量，即：

$$\left. \begin{aligned} R_{\Omega} &= \frac{\partial}{\partial x}\left(\lambda_x \frac{\partial \tilde{T}}{\partial x} \right) + \frac{\partial}{\partial y}\left(\lambda_y \frac{\partial \tilde{T}}{\partial y} \right) + \frac{\partial}{\partial z}\left(\lambda_z \frac{\partial \tilde{T}}{\partial z} \right) + \dot{\Phi} \\ R_{\Gamma_2} &= \lambda_x \frac{\partial \tilde{T}}{\partial x} n_x + \lambda_y \frac{\partial \tilde{T}}{\partial y} n_y + \lambda_z \frac{\partial \tilde{T}}{\partial z} n_z - f_2(\Gamma, t) \\ R_{\Gamma_3} &= \lambda_x \frac{\partial \tilde{T}}{\partial x} n_x + \lambda_y \frac{\partial \tilde{T}}{\partial y} n_y + \lambda_z \frac{\partial \tilde{T}}{\partial z} n_z - h(T_w - \tilde{T}) \end{aligned} \right\} \quad (3.8)$$

用加权余量法建立有限元格式的基本思想是使余量的加权积分为零，即：

$$\int_{\Omega} R_{\Omega} \omega_1 \mathrm{d}\Omega + \int_{\Gamma_2} R_{\Gamma_2} \omega_2 \mathrm{d}\Gamma + \int_{\Gamma_3} R_{\Gamma_3} \omega_3 \mathrm{d}\Gamma = 0 \quad (3.9)$$

式中，ω_1、ω_2、ω_3 是权函数。式（3.9）的含义是微分方程式（3.5）和自然边界条件式（3.3）及式（3.4）在全域及边界上得到加权意义上的满足。

将式 (3.8) 代入式 (3.9) 并进行分步积分可以得到：

$$-\int_{\Omega}\left[\frac{\partial \omega_1}{\partial x}\left(\lambda_x \frac{\partial \tilde{T}}{\partial x}\right) + \frac{\partial \omega_1}{\partial y}\left(\lambda_y \frac{\partial \tilde{T}}{\partial y}\right) + \frac{\partial \omega_1}{\partial z}\left(\lambda_z \frac{\partial \tilde{T}}{\partial z}\right) - \dot{\Phi}\omega_1\right] d\Omega +$$

$$\int_{\Omega} \omega_1\left(\lambda_x \frac{\partial \tilde{T}}{\partial x}n_x + \lambda_y \frac{\partial \tilde{T}}{\partial y}n_y + \lambda_z \frac{\partial \tilde{T}}{\partial z}n_z\right) d\Gamma +$$

$$\int_{\Gamma_2}\left(\lambda_x \frac{\partial \tilde{T}}{\partial x}n_x + \lambda_y \frac{\partial \tilde{T}}{\partial y}n_y + \lambda_z \frac{\partial \tilde{T}}{\partial z}n_z - f_2(\Gamma,t)\right)\omega_2 d\Gamma +$$

$$\int_{\Gamma_3}\left(\lambda_x \frac{\partial \tilde{T}}{\partial x}n_x + \lambda_y \frac{\partial \tilde{T}}{\partial y}n_y + \lambda_z \frac{\partial \tilde{T}}{\partial z}n_z - h(T_w - \tilde{T})\right)\omega_3 d\Gamma = 0 \qquad (3.10)$$

直接求解式 (3.10) 对于复杂形状和复杂边界条件的问题仍然是困难的，将空间域 Ω 离散为有限个单元后，在典型单元 e 内各点的温度 T 可以近似地用单元节点温度 T_i 插值得到：

$$T = \tilde{T} = \sum_{i=1}^{n} N_i(x,y,z)T_i = [N_1, N_2, \cdots, N_n]\begin{bmatrix} T_1 \\ T_2 \\ \vdots \\ T_n \end{bmatrix} = \boldsymbol{N}\boldsymbol{T}^e \qquad (3.11)$$

式中，T 为单元内任一点的温度，对稳态温度场，$T = T(x, y, z)$，对瞬态温度场，$T = T(x, y, z, t)$；n 为单元 e 的节点个数，$N_i(x, y, z)$ 是插值函数；$\boldsymbol{N}^e$ 为形状函数矩阵，$\boldsymbol{N}^e = [N_1, N_2, \cdots, N_n]$；$\boldsymbol{T}^e$ 为单元节点温度列阵，$\boldsymbol{T}^e = [T_1, T_2, \cdots, T_n]^{-1}$。

用伽辽金法选择权函数

$$\omega_1 = N_j \qquad (j = 1, 2, \cdots, n) \qquad (3.12)$$

在边界上不失一般性地选择

$$\omega_2 = \omega_3 = -\omega_1 = -N_j \qquad (j = 1, 2, \cdots, n) \qquad (3.13)$$

式中，n 为空间离散后节点的总个数。

因 $\tilde{T}$ 已满足强制边界条件（这是由于解方程之前引入强制边界条件修正方程），在 Γ_1 边界上不再产生余量，可令 ω_1 在边界上为零。

将式 (3.11)~式 (3.13) 代入式 (3.10)，整理后用矩阵形式表示如下：

$$\sum_e \iint_{\Omega^e} \left[\left(\frac{\partial[N]}{\partial x}\right)^{-1} \lambda_x \frac{\partial N}{\partial x} + \left(\frac{\partial[N]}{\partial y}\right)^{-1} \lambda_y \frac{\partial N}{\partial y} + \left(\frac{\partial[N]}{\partial z}\right)^{-1} \lambda_z \frac{\partial N}{\partial z} \right] T^e \mathrm{d}\Omega +$$

$$\sum_e \int_{\Gamma_3^e} hN^{-1}NT^e \mathrm{d}\Gamma - \sum_e \int_{\Gamma_2^e} N^{-1}q\mathrm{d}\Gamma - \sum_e \int_{\Gamma_3^e} N^{-1}hT_w\mathrm{d}\Gamma - \sum_e \int_{\Omega^e} N^{-1}\rho Q\mathrm{d}\Omega = 0$$

$$(3.14)$$

式 (3.14) 是 n 个联立的线性代数方程组, 用以确定 n 个节点温度 T_i。按照一般有限元格式, 式 (3.14) 可以简单地表示为

$$\boldsymbol{KT} = \boldsymbol{P} \tag{3.15}$$

式中, $\boldsymbol{K}$ 称为热传导矩阵; $\boldsymbol{T} = [T_1, \quad T_2, \quad \cdots, \quad T_n]^{-1}$ 是节点温度列阵; $\boldsymbol{P}$ 是温度载荷列阵。热传导矩阵和温度载荷列阵都是由单元相应的矩阵集合而成, 可以进一步描述为:

$$K_{ij} = \sum_e K_{ij}^e + \sum_e H_{ij}^e \tag{3.16}$$

$$P_i = \sum_e P_{q_i}^e + \sum_e P_{h_i}^e + \sum_e P_{Q_i}^e \tag{3.17}$$

其中

$$K_{ij}^e = \int_{\Omega^e} \left(\lambda_x \frac{\partial N_i}{\partial x} \frac{\partial N_j}{\partial x} + \lambda_y \frac{\partial N_i}{\partial y} \frac{\partial N_j}{\partial y} + \lambda_z \frac{\partial N_i}{\partial z} \frac{\partial N_j}{\partial z} \right) \mathrm{d}\Omega \tag{3.18}$$

$$H_{ij}^e = \int_{\Omega^e} hN_iN_j\mathrm{d}\Gamma \tag{3.19}$$

$$P_{q_i}^e = \int_{\Gamma_2^e} N_iq\mathrm{d}\Gamma \tag{3.20}$$

$$P_{h_i}^e = \int_{\Gamma_3^e} N_ihT_w\mathrm{d}\Gamma \tag{3.21}$$

$$P_{\Phi_i}^e = \int_{\Omega^e} N_i\dot{\Phi}\mathrm{d}\Gamma \tag{3.22}$$

以上就是三维稳定热传导问题有限元的一般格式, 二维和轴对称稳态热传导问题的有限元格式与三维类似。

3.1.3 有限元模型的建立

对束流管温度场的有限元模拟是应用大型通用软件包 ANSYS 进行的。ANSYS 公司作为 CAE 业的佼佼者已有三十多年的发展历史, 其开发的 ANSYS 软件是一个融结构、热、流体、电磁、声学于一体的大型通用软件包, 可广泛地应用于土木工程、机械制造、石油化工、航空、冶金及电子等诸多领域[48]。ANSYS 软件具有如下优点:

（1）APDL（ANSYS parametric design language 的缩写）即 ANSYS 参数化设计语言，利用 APDL 的程序语言与宏技术组织管理 ANSYS 的有限元分析命令，就可以实现参数化建模、施加参数化载荷与求解以及参数化后处理结果的显示，从而实现参数化有限元分析的全过程，同时这也是 ANSYS 批处理分析的最高技术。在参数化分析过程中可以简单修改其中的参数达到反复分析各种尺寸、不同载荷大小的多种设计方案或者序列性产品的目的，极大地提高分析效率，减少分析成本。

（2）极为强大的网格处理能力。ANSYS 凭借其对体单元精确的处理能力和网格划分自适应技术使其在实际工程应用方面具有很大的优势。

（3）高精度非线性问题求解。随着科学技术的发展，线性理论已经远远不能满足设计的要求，许多工程问题如材料的破坏与失效、裂纹扩展等仅靠线性理论根本不能解决，必须进行非线性分析求解，为此 ANSYS 公司开发适用于非线性求解的求解器，满足用户的高精度非线性分析的需求。

（4）强大的耦合场求解能力。ANSYS 软件是唯一能够进行耦合场分析的有限元分析软件。

（5）程序面向用户的开放性。ANSYS 允许用户根据自己的实际情况对软件进行扩充，ANSYS 具备二次开发环境。

因此，我们在研究温度场计算和结构分析采用同一个模型，可以很方便地实现热力耦合计算。我们的仿真分析工作即采用 ANSYS10.0 版本进行。

根据束流管的初步结构设计，整个束流管结构完全关于水平平面对称，因此，束流管的有限元模拟中，其模型建立为 1/2 三维对称体积模型，为了能够对称加载重力，将模型绕 z 轴旋转 90°，用于整体温度场和应力场的分析。该模型除了在铝放大腔导角部分进行了简化外，其余结构和尺寸与实际设计结构完全相同，其有限元模型如图 3.1 所示。进行网格划分时，按照网格通常的划分规则，在结构平缓部位网格相对粗化，而在结构过渡部位适当细化网格。在建立束流管整体 -90°~90° 三维对称有限元模型时，束流管中各种不同的材料分别指定不同的材料特性。束流管模型建立中做如下假设：（1）流体为液体，可以看作不可压缩；（2）温度变化范围不大，其热物性参数看作常数；（3）流体进行强迫对流换热，忽略重力作用。温度场模型建立中选用 fluid142 单元类型，fluid142 是一种三维流体单元，可以用来模拟瞬态或稳态流体和热系统，包括流体和非流体区域，在流体域中求解黏性流与能量的守恒方程，在非流体域只求解能量方程，可求解区域中的流动与温度分布。可通过动量守恒定律求得速度，从质量守恒定律求得压力，从能量守恒定律求得温度。在对束流管流场求解中，速度采用三对角矩阵法（TDMA）求解，收敛精度为 1×10^{-4}，压力采用了预条件共轭残差法（PCRM）求解，收敛精度为 1×10^{-5}；温度场求解中采用预条件双共轭梯度法（PBCGM）求解，收敛精度为 1×10^{-12}。束流管模型总计有 115467 个单元、133260 节点，网格划分见图 3.2。

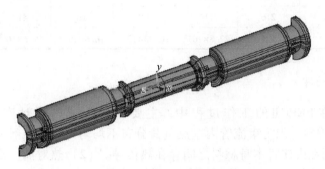

图 3.1 束流管有限元模型

图 3.2 束流管有限元模型的网格划分

3.1.4 物理参数

束流管整体为焊接结构，其中用到的材料有铍、防锈铝、无氧铜、不锈钢、银镁镍合金、聚氨酯管等，它们的密度 ρ、弹性模量 E、泊松比 μ、比热容 c_p、热导率 λ、热膨胀系数 α 等物理参数见表 3.1；中心铍管的冷却介质为 1 号电火花加工油，外延铜管的冷却介质为去离子水，其物理参数见表 2.3。

表 3.1 束流管中各种材料的物理参数

参 数	Be	5A06	TU1	316L	AgMgNi17-15	聚氨酯管
$\rho/\mathrm{kg \cdot m^{-3}}$	1844	2640	8940	7900	10400	1270
E/GPa	303	68.6	117.2	193	76	5.2
μ	0.1	0.32	0.33	0.27	0.37	0.35

参　数	Be	5A06	TU1	316L	AgMgNi17-15	聚氨酯管
$c_p/J \cdot (kg \cdot K)^{-1}$	1925	921	385.2	500	234	1050
$\lambda/W \cdot (m \cdot K)^{-1}$	216	117	391	16	419	0.18
α/K^{-1}	11.5×10^{-6}	22.8×10^{-6}	16.92×10^{-6}	16.6×10^{-6}	19.6×10^{-6}	22.2×10^{-6}

3.1.5　边界条件

束流管在 BEPCⅡ 的工作过程中，主要有热传导和热对流两种传热现象：（1）热传导。因为束流管内壁热负荷分布不均匀，引起各部位温度分布的不均匀，从而在束流管本身材料之间存在热传导。（2）热对流。冷却介质连续流过束流管的冷却腔对束流管进行冷却，低温度的冷却介质和高温度的束流管夹层表面进行对流传热。

用有限元方法进行结构温度场的分析时，边界条件通常按两种方式考虑。一种是给定物体边界上的温度分布，在传热中属于第一类边界条件；另一种是指定物体边界的对流或辐射换热系数，这属于第二、第三类边界条件。针对束流管温度场有限元分析时，束流管内壁的热流密度可以由辐射热负荷和受热面积之比得到，所以束流管中边界条件属于第二类边界条件。外壁面按绝热处理求得的温度必然比按对流换热处理求得的温度高，所以我们将束流管外壁按绝热处理，对其温度场进行保守计算，确保束流管外部的漂移室正常工作。

3.2　束流管温度场的数值分析

根据 8.2 节中实验测量与理论计算结果，中心铍管段窄环隙内按层流流动计算，两端放大腔内按湍流流动计算，两端的外延铜管内按湍流流动计算时，数值计算结果与实验测量值吻合性较好。为保证束流管使用的可靠性，同时为其进一步优化设计提供理论基础，基于所建立的有限元模型对束流管温度场的几个主要影响因素进行深入研究。下面为了方便描述，均采用同步辐射位置进行定位，同步辐射侧指的是在外延铜管冷却水的出口侧，即同步辐射存在时的一侧，同步辐射对侧指的是与同步辐射侧周向夹角 180.0° 的位置。

3.2.1　同步辐射功率对温度场的影响

束流管内壁热负荷的变化是影响束流管温度场的因素之一，其中高次模在内壁均匀分布，而同步辐射分布根据束流交叉角的变化而不同，实验中无法做到真实模拟，因此需要通过数值计算对三种不同的同步辐射分布条件下的温度场进行数值研究。

根据同步辐射的分布分为三种条件进行计算：（1）高次模辐射 $Q_H = 600$ W，同步辐射 $Q_S = 0$ W；（2）高次模辐射 $Q_H = 600$ W，同步辐射 $Q_S = 72$ W，只在两端外延铜管分布，功率密度为 180000 W/m²；（3）高次模辐射 $Q_H = 600$ W，同步辐射 $Q_S = 70$ W，外延铜管段功率密度为 32857 W/m²，中心铍管段功率密度为 40000 W/m²。束流交叉角为 0 mrad 时（正常运行）的同步辐射分布位置及功率属于计算条件（3）的一个子集，因此在数值研究中不单独进行计算。

以上三种计算条件的共同前提为：

（1）中心铍管 1 号电火花加工油流量 $V_o = 8.0$ L/min，入口温度为 $t_{oin} = 19.0$ ℃；

（2）外延铜管冷却水流量 $V_w = 8.0$ L/min，两端均分，入口温度 $t_{win} = 19.0$ ℃；

（3）束流管工作环境中，外壁温度与环境温度平均温差小于 2 ℃，自然对流换热系数取 10 W/(m² · K) 时，外壁换热量小于 7 W，相对于内壁最大 600 W 的热量可以忽略，因此在下面的计算中，外壁均按绝热处理。

计算条件（1）下，内壁高次模辐射功率为 600 W，无同步辐射时，束流管内外壁温度分布云图如图 3.3 所示，冷却段外壁温度分布比较均匀，受内壁高次模辐射热负荷的影响较小，而无冷却的过渡段存在较高温升。中心铍管内壁温度沿着冷却油流动方向升高，内壁最高温度在铍管冷却液出口及过渡段位置，而外延铜管内壁温度分布相对比较均匀。

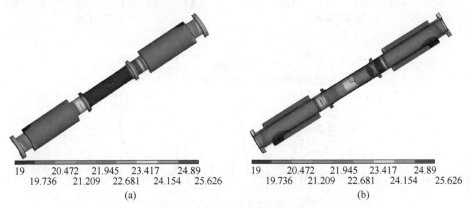

| 19 | 20.472 | 21.945 | 23.417 | 24.89 |
| 19.736 | 21.209 | 22.681 | 24.154 | 25.626 |

| 19 | 20.472 | 21.945 | 23.417 | 24.89 |
| 19.736 | 21.209 | 22.681 | 24.154 | 25.626 |

(a)　　　　　　　　　　　　　　　　(b)

图 3.3　计算条件（1）的束流管内外壁温度分布云图

（高次模辐射 $Q_H = 600$ W，同步辐射 $Q_S = 0$ W，冷却油入口温度 $t_{oin} = 19.0$ ℃，
冷却水入口温度 $t_{win} = 19.0$ ℃，冷却油流量 $V_o = 8.0$ L/min，冷却水流量 $V_w = 8.0$ L/min）

（a）外壁温度分布；（b）内壁温度分布

根据数值计算结果，中心铍管外壁温度为 19.1~19.9 ℃，平均值为 19.2 ℃；外延铜管外壁温度为 19.4~20.5 ℃，平均值为 20.2 ℃；过渡段外壁温度为

19.9~25.6 ℃，平均温度为 22.8 ℃；内壁温度为 19.6~25.6 ℃，平均温度为 22.3 ℃。

同步辐射对侧的内外壁温度分布如图 3.4（a）所示，过渡段内外壁存在极小的温差，中心铍管部分内外壁温差最大，对应位置最大温差为 5.6 ℃，外延铜管部分温差较小，对应位置最大温差为 0.7 ℃。同步辐射侧内外壁温度分布如图 3.4（b）所示，中心铍管部分内外壁最大温差为 5.7 ℃，比同步辐射对侧温差仅高 0.1 ℃，外延铜管部分内外壁最大温差为 1.0 ℃，高于同步辐射对侧的温差，该处的温差增大主要是由出口位置处冷却液的温度升高引起的。同步辐射侧与同步辐射对侧外壁温度分布如图 3.4（c）所示，在中心铍管部分及过渡段部分，两侧存在极小的温差，温度周向分布均匀，而外延铜管部分，冷却液的进出口位置对应的外壁温度存在最大为 0.9 ℃ 的温差，这主要是由冷却液的进出口温度不

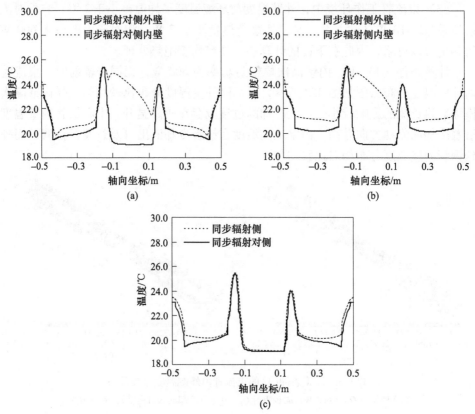

图 3.4　计算条件（1）的束流管内外壁温度分布

（高次模辐射 Q_H =600 W，同步辐射 Q_S =0 W，冷却油入口温度 t_{oin} =19.0 ℃，

冷却水入口温度 t_{win} =19.0 ℃，冷却油流量 V_o =8.0 L/min，冷却水流量 V_w =8.0 L/min）

（a）束流管同步辐射对侧内外壁温度分布；（b）束流管同步辐射侧内外壁温度分布；

（c）束流管外壁温度分布

同造成。中心铍管窄环隙通道内冷却油流动为层流流动，内壁与流体间传热以导热为主，因此中心铍管内壁温度沿着冷却油流动方向逐渐升高，而放大腔内流动为湍流流动，换热效果强，因此内壁温度在接近出口放大腔时开始下降，然后又由于无冷却过渡段的影响温度上升。

计算条件（2）下，高次模辐射功率为 600 W，同步辐射只在外延铜管外端分布时，计算结果表明，束流管中心铍管外壁温度为 19.1～19.9 ℃，平均值为 19.2 ℃，与计算条件（1）对应值相同；外延铜管外壁温度为 19.5～20.8 ℃，平均值为 20.3 ℃；过渡段外壁温度为 20.0～25.6 ℃，平均温度为 23 ℃；内壁温度范围为 19.7～36.5 ℃，最高温度在不锈钢法兰处，平均温度为 22.5 ℃，平均值比计算条件（1）对应值高出 0.2 ℃，因此内壁较高的温度值分布在较小的区域内。

同步辐射对侧内外壁温度分布如图 3.5（a）所示，中心铍管部分内外壁温

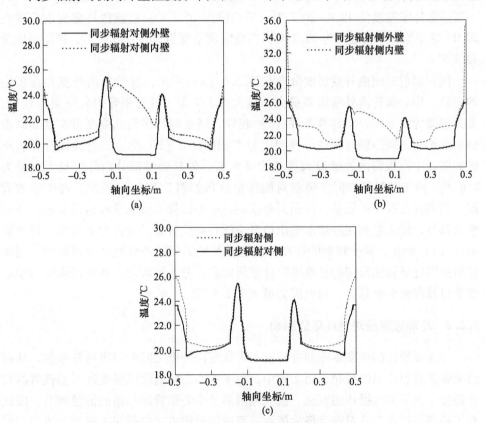

图 3.5　计算条件（2）的束流管内外壁温度分布

（高次模辐射 Q_H = 600 W，同步辐射 Q_S = 72 W，冷却油入口温度 t_{oin} = 19.0 ℃，

冷却水入口温度 t_{win} = 19.0 ℃，冷却油流量 V_o = 8.0 L/min，冷却水流量 V_w = 8.0 L/min）

（a）同步辐射对侧内外壁温度分布；（b）同步辐射侧内外壁温度分布；（c）束流管外壁温度分布

差最大，对应位置最大温差为 5.7 ℃，外延铜管部分温差较小，对应位置最大温差为 0.6 ℃，与前面计算条件（1）中的温度相差仅 0.1 ℃，局部同步辐射的存在对同步辐射对侧的温度场基本无影响。同步辐射侧内外壁温度分布如图 3.5（b）所示，外延铜管部分内外壁最大温差为 2.6 ℃，最大温差在同步辐射位置处。由于不锈钢的热导率很小，导致内壁温度最高点在同步辐射集中的不锈钢法兰处，且该处温度梯度极大。同步辐射侧与同步辐射对侧外壁分布如图 3.5（c）所示，外延铜管部分，最大温差在冷却液进出口对应的外壁位置处，最大为 1.1 ℃，比前面计算条件（1）中的温差高出 0.2 ℃。外延铜管部分局部高热流密度的同步辐射的存在对外延铜管外壁温度影响较小，但会导致外延铜管与不锈钢法兰间的无冷却过渡段外壁温度分布不均匀。

计算条件（3）下，高次模辐射功率为 600 W，同步辐射全长分布，功率为 70 W 时，计算结果表明，中心铍管外壁温度为 19.1~20.0 ℃，平均值为 19.2 ℃；外延铜管外壁温度为 19.4~20.7 ℃，平均值为 20.3 ℃；过渡段外壁温度范围在 20.0~27.7 ℃，平均温度为 23.2 ℃；内壁温度范围为 19.7~29.4 ℃，平均温度为 22.7 ℃。

同步辐射对侧内外壁温度分布如图 3.6（a）所示，过渡段内外壁存在极小的温差，中心铍管内外壁温差最大，最大为 5.7 ℃，外延铜管内外壁温差较小，最大温差为 0.6 ℃，与计算条件（2）相同，同步辐射对侧的温度没有受到同步辐射的影响。同步辐射侧内外壁温度分布如图 3.6（b）所示，过渡段存在极小的温差，中心铍管内外壁最大温差为 9.8 ℃，外延铜管部分内外壁最大温差为 1.6 ℃。同步辐射侧与同步辐射对侧外壁分布如图 3.6（c）所示，在中心铍管段，两侧存在极小的温差，说明同步辐射对中心铍管外壁温度没造成影响。外延铜管部分，最大温差在冷却水进出口对应的外壁位置处，最大为 1.0 ℃，与计算条件（1）相比，同步辐射的存在并没有对外延铜管的外壁温度造成影响。同步辐射的存在导致无冷却的过渡段的外壁周向温度分布不均匀，在外延铜管与中心铍管过渡段处温差最大，周向温差最大为 2.2 ℃。

3.2.2 冷却液流量对温度场的影响

冷却液流速的改变影响到冷却液与束流管内外壁之间的对流换热系数，从而影响束流管温度场的分布，而实验中，由于中心铝管的耐压强度远不如铍管的耐压强度，为了实验操作的安全，极大地限制了中心铝管冷却油的流量调节，因此对于冷却液流速变化对温度场的影响需要通过数值方法进行深入研究。改变不同的冷却液流量进行数值计算，具体计算条件为：

（1）中心铍管冷却油和外延铜管冷却水入口温度 19.0 ℃。

（2）内壁均布高次模辐射功率为 600 W，同步辐射分布如图 2.4 所示，功率

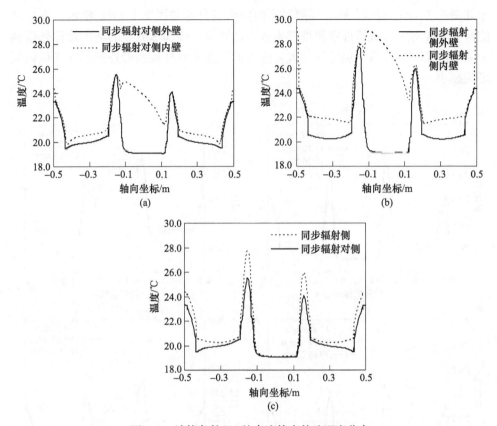

图 3.6 计算条件(3)的束流管内外壁温度分布

(高次模辐射 $Q_H = 600$ W, 同步辐射 $Q_S = 70$ W, 冷却油入口温度 $t_{oin} = 19.0$ ℃,

冷却水入口温度 $t_{win} = 19.0$ ℃, 冷却油流量 $V_o = 8.0$ L/min, 冷却水流量 $V_w = 8.0$ L/min)

(a) 同步辐射对侧内外壁温度分布; (b) 同步辐射侧内外壁温度分布; (c) 束流管外壁温度分布

为 70 W, 在宽 2.0 mm 的窄带内全长分布。

(3) 改变中心铍管冷却油流量和两端外延铜管冷却水流量为 8.0 L/min, 12.0 L/min, 16.0 L/min。

不同流量下的同步辐射侧外壁温度分布如图 3.7(a)所示,在冷却油流量由 8.0 L/min 增加到 16.0 L/min 后,中心铍管外壁温度基本未发生变化,只是在冷却油出口侧温度有所降低,降低幅度约为 0.3 ℃;外延铜管冷却水流量由 8.0 L/min 增加到 16.0 L/min 后,同步辐射侧外壁平均温度降低为 0.7 ℃,外延铜管与中心铍管间过渡段温度最高值降低 1.3 ℃。同步辐射侧内壁温度分布如图 3.7(b)所示,随着流量的增加,对内壁温度影响较大,内壁平均温度最高点在中心铍管位置靠近冷却油出口处,当冷却油流量由 8.0 L/min 增加到 16.0 L/min 时,中心铍管内壁温度最高点降低 2.0 ℃。同步辐射对侧外壁温度分布如图 3.7（c）所示，同步辐射对侧内壁温度分布如图 3.7（d）所示，冷却油流量的增加对中心铍管外壁温度产生极小的影响，冷却水流量的增加使得外延铜管外壁温度有所降低，但流速越大，流速的增加率对外延铜管外壁温度降低幅度影响越小。

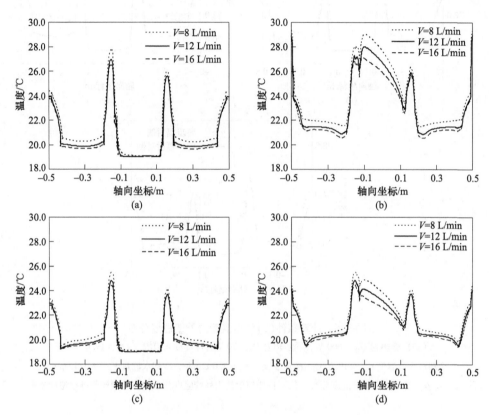

图 3.7　不同冷却液流量对应的束流管内外壁温度分布

（高次模辐射 Q_H = 600 W，同步辐射 Q_S = 70 W，冷却油入口温度 t_{oin} = 19.0 ℃，

冷却水入口温度 t_{win} = 19.0 ℃）

（a）同步辐射侧外壁温度分布；（b）同步辐射侧内壁温度分布；

（c）同步辐射对侧外壁温度分布；（d）同步辐射对侧内壁温度分布

3.2.3　结构材料对温度场的影响

束流管中结构材料的热导率是影响其温度场分布的一个主要因素，而热导率的改变即标志着材料的改变，因此可以通过数值计算研究束流管结构材料的热导率对温度场的影响，为正式束流管的进一步优化设计提供理论基础。

3.2.3.1 中心铍管及外延铜管材料对温度场的影响

在束流管内壁高次模辐射 $Q_H = 600$ W，同步辐射全长分布，$Q_S = 70$ W，冷却油流量和冷却水流量均为 8.0 L/min，入口温度 19.0 ℃时，改变束流管中心铍管及外延铜管的材料对束流管的内外壁温度分以下两种条件进行计算：

（1）中心管材料换为防锈铝，外延管仍为无氧铜；

（2）外延管材料换为不锈钢，中心管仍为铍材料。

将以上两种条件下的计算结果与按初始材料计算的结果进行比较，束流管同步辐射侧及同步辐射对侧的内外壁温度分布如图 3.8 所示。中心管材料换为热导率低的防锈铝材料后，外壁温度基本没有变化，内壁温度升高，同步辐射侧的最

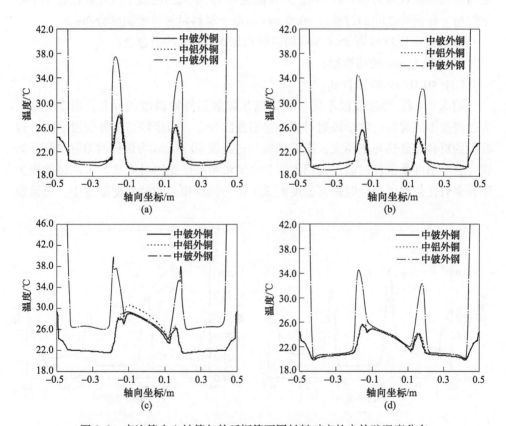

图 3.8 束流管中心铍管与外延铜管不同材料对应的内外壁温度分布

（高次模辐射 $Q_H = 600$ W，同步辐射 $Q_S = 70$ W，冷却油入口温度 $t_{oin} = 19.0$ ℃，

冷却水入口温度 $t_{win} = 19.0$ ℃，冷却油流量 $V_o = 8.0$ L/min，冷却水流量 $V_w = 8.0$ L/min）

（a）同步辐射侧外壁温度分布；（b）同步辐射对侧外壁温度分布；

（c）同步辐射侧内壁温度分布；（d）同步辐射对侧内壁温度分布

大值升高 1.6 ℃，而防锈铝的密度大于铍材，强度不如铍材，因此，若是在物质量相同的条件下，采用铝材代替会使得结构更加脆弱，但对温度控制基本无影响。外延管部分材料换为热导率较低的不锈钢后，外壁温度最大降低 0.8 ℃，但是导致了无冷却的过渡段温度存在几十度的升高，内壁温度也有很大升高，因此，外延管用热导率较高的材料虽然使冷却段外壁温度在温度要求的控制范围内略有升高，但却极大地降低了过渡段的温度，对束流管的整体温度控制来说是有益的。

3.2.3.2　过渡段材料对温度场的影响

在束流管内部高次模辐射 $Q_H = 600$ W，同步辐射全长分布，$Q_S = 70$ W，冷却油与冷却水流量均为 8.0 L/min，入口温度为 19.0 ℃ 的前提下，计算比较了中心铍管与外延铜管之间的过渡段 40.0 mm 为以下材料时的外壁温度分布：

（1）过渡段材料为 35.0 mm 的防锈铝加 5.0 mm 的银合金；

（2）40.0 mm 的防锈铝；

（3）40.0 mm 的银合金。

图 3.9（a）为过渡段不同材料时同步辐射侧外壁温度的分布，图 3.9（b）为过渡段不同材料时同步辐射对侧外壁温度的分布。同步辐射侧外壁温度中，过渡段的材料综合热导率越大，温度越低，过渡段 40.0 mm 为铝材时温度最高，为银合金时温度最低。过渡段为铝加银合金时最高温度比铝材低 0.5 ℃，过渡段为银合金时比铝加银合金时最高温度低 2.1 ℃。同步辐射对侧外壁温度中，过渡段

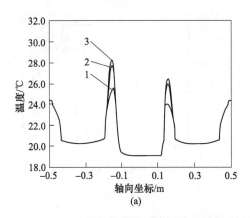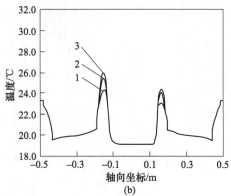

图 3.9　束流管过渡段不同材料时对应的外壁温度分布

（高次模辐射 $Q_H = 600$ W，同步辐射 $Q_S = 70$ W，冷却油入口温度 $t_{oin} = 19.0$ ℃，

冷却水入口温度 $t_{win} = 19.0$ ℃，冷却油流量 $V_o = 8.0$ L/min，冷却水流量 $V_w = 8.0$ L/min）

（a）同步辐射侧外壁温度分布；（b）同步辐射对侧外壁温度分布

1—全为银合金；2—35 mm 的防锈铝加 5 mm 的银合金；3—全为防锈铝

为铝加银合金时最高温度比铝材低 0.4 ℃，过渡段为银合金时比铝加银合金时最高温度低 1.2 ℃。过渡段温度的降低幅度不仅跟材料的热导率有关，而且跟该段的内壁热流密度有关。

3.2.4 冷却通路对温度场的影响

束流管在正式运行过程中，谱仪内冷却液导管有可能出现其中一根堵塞的情况，而堵塞后若是进行拆除更换，则工作量巨大，需要停止正负电子对撞机的运行，拆除真空管道，从谱仪的中心位置取出束流管。因此在冷却液流量不变的情况下，针对束流管中冷却液管道堵塞可能出现的最恶劣的情况进行数值研究，确定其对束流管温度场的影响，为束流管的使用提供理论指导。

对冷却液进出口位置不同时的温度场进行数值计算，束流管中心铍管的冷却液进出口位置如图 3.10（a）所示，单端外延铜管冷却液进出口位置如图 3.10（b）所示。

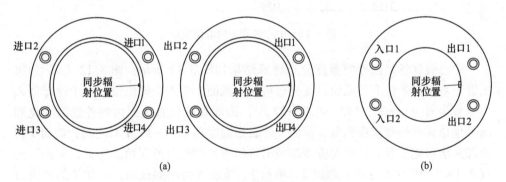

图 3.10　束流管冷却液进出口位置

（a）中心铍管冷却液进出口位置；（b）外延铜管冷却液进出口位置

3.2.4.1 冷却油进出口位置的影响

在外延铜管流量及流动方式不变时，改变中心铍管的冷却油进出口流动状态，对可能出现的最恶劣的流动情况下的条件进行数值计算，研究不同的进出口位置对温度场及流场的影响。

计算条件：内壁高次模辐射 $Q_H = 600$ W，同步辐射全长分布，$Q_S = 70$ W，中心铍管冷却油流量及外延铜管冷却水流量均为 8.0 L/min，入口温度为 19.0 ℃，冷却油的四个进口和四个出口中只有一个进口和一个出口可用，其他进/出口堵塞。进出口位置如图 3.10（a）所示，由于冷却油进出口的对称性，分为以下四种最恶劣的冷却油流动情况进行计算并与正常情况下的计算结果进行比较：

（1）进口 2 流入，出口 1 流出；

（2）进口 2 流入，出口 2 流出；

（3）进口 2 流入，出口 3 流出；

（4）进口 2 流入，出口 4 流出。

对束流管整体温度场进行计算后，外壁温度取图 3.11 所示 5 个截面的周向温度进行比较。

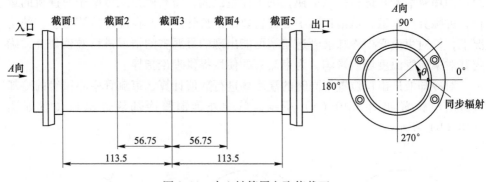

图 3.11　中心铍管周向取值截面

中心铍管各截面外壁温度分布计算结果如图 3.12 所示，图 3.12（a）为束流管正常工作条件下各截面温度分布情况。截面 1 为入口侧位置，由于冷却油入口位置为周向 0°±27.5°和 180.0°±27.5°，因此在此位置范围内的外壁温度比周向其他位置的外壁温度稍低，截面 1 外表面温度在 19.1～19.4 ℃之间；截面 5 为冷却液出口侧位置，其中对应冷却液出口位置处的外壁温度稍微偏低，截面 5 温度在 19.7～19.9 ℃之间；截面 2、截面 3、截面 4 为中间截面，冷却油的进出口温度效应对中间截面温度分布基本没有影响，中间截面的温度范围在 19.1～19.2 ℃之间。图 3.12（b）为冷却油进出口条件（1）下各截面温度分布，由于冷却油只从入口 2 内流入，因此在截面 1 中，入口 2 的角度（180.0° − 27.5°）位置温度较低，截面 1 温度范围为 19.0～19.5 ℃；出口侧截面 5 中，出口 1 位置（27.5°）处温度较低，截面 5 温度范围为 19.8～20.0 ℃；中间截面 2、截面 3、截面 4 处周向变化基本相似，入口角度位置温度较低，中间截面温度为 19.1～19.3 ℃。图 3.12（c）和（d）分别为中心铍管计算条件（2）、计算条件（3）时的各截面温度分布，在该计算条件下，出口位置的变化对截面 5 中的温度分布有较大影响，非出口位置处温度较高，最高为 20.5 ℃。计算条件（4）下各截面温度分布如图 3.12（e）所示，出口位置的变化对截面 5 中的温度分布影响不大，截面 5 中温度范围为 19.9～20.2 ℃；进口位置截面 1 温度范围为 19.1～19.5 ℃；中间截面周向温度分布不受进出口位置的影响。

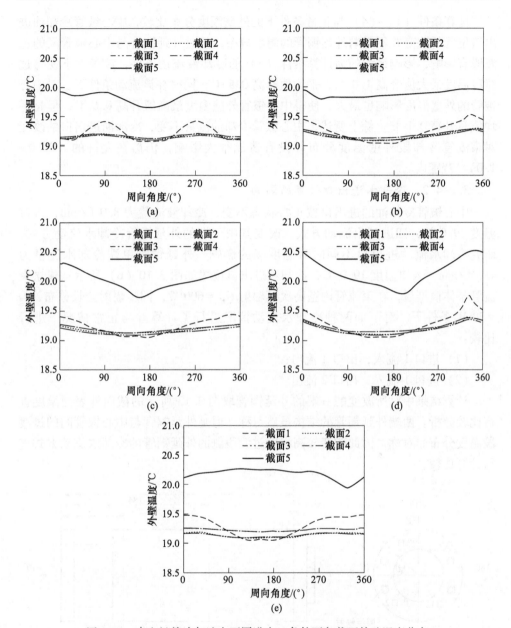

图 3.12 中心铍管冷却油在不同进出口条件下各截面外壁温度分布

（高次模辐射 Q_H =600 W，同步辐射 Q_S =70 W，冷却油入口温度 t_{oin} =19.0 ℃，
冷却水入口温度 t_{win} =19.0 ℃，冷却油流量 V_o =8.0 L/min，冷却水流量 V_w =8.0 L/min）

（a）冷却液四进四出条件下中心铍管各截面外壁温度分布；（b）计算条件（1）下中心铍管各
截面外壁温度分布；（c）计算条件（2）下中心铍管各截面外壁温度分布；（d）计算条件
（3）下中心铍管各截面外壁温度分布；（e）计算条件（4）下中心铍管各截面外壁温度分布

计算条件（1）~（4）与正常条件下的外壁温度分布比较，中心铍管冷却油进出口位置的改变并不影响外延铜管的温度分布，只对外延铜管与中心铍管间的过渡段有影响，影响最大的为计算条件（3）的冷却液流动条件，该条件下使得过渡段温度最大值升高 1.0 ℃，平均值升高 0.5 ℃，同时在该流动条件下，对中心铍管的外壁温度影响也最大，使得中心铍管外壁温度最高值升高 0.6 ℃，但是平均值只升高 0.1 ℃。综上所述，中心铍管冷却油流量不变，冷却油进出口的改变对束流管冷却段外壁温度分布并没有造成很大影响，仍然在允许的（20.0±1.0)℃范围内。

3.2.4.2　冷却水进出口位置的影响

中心铍管冷却油的进出口按正常状态不变，冷却液流量为 8.0 L/min，入口温度 19.0 ℃，四进四出流动方式，改变其中一端的外延铜管冷却水流动方式，研究冷却水流动进出口不同时对温度场的影响。外延铜管单端冷却水流量为 4.0 L/min，入口温度 19.0 ℃，冷却液进出口位置如图 3.10（b）所示。建立束流管整体模型后，在束流管内壁高次模辐射 $Q_H = 600$ W，同步辐射全长分布，$Q_S = 70$ W 条件下，对下面两种冷却水流动情况进行了计算并与正常情况下进行比较：

（1）进口 1 流入，出口 1 流出；

（2）进口 1 流入，出口 2 流出。

计算结果中对所改变的一端的外延铜管取图 3.13 所示的截面外表面温度进行比较分析。两端外延铜管的结构虽然对称，但是外延铜管与中心铍管间的过渡段温度分布非对称，因此改变较高温度过渡段侧的外延铜管的冷却水流动方式进行计算比较。

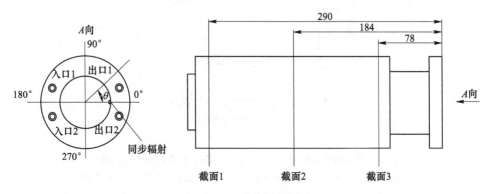

图 3.13　外延铜管取值截面

图 3.14（a）为单侧外延铜管冷却水正常流动下的各截面温度分布，冷却水进出口侧都在截面 3 位置，180.0°±17.5°位置为冷却水入口位置，0°±17.5°位置

为冷却水出口位置，因此在进口位置温度较低，出口位置温度较高，截面 3 上的外壁温度范围为 19.6~20.7 ℃，与其他两个截面比较，该截面上的温度波动较大；截面 1 位置靠近中心铍管位置，也是冷却水的回流位置，在该截面外壁温度波动较小，在 20.4~20.6 ℃ 之间；截面 2 外壁平均温度低于截面 1 外壁平均温度，冷却水的流入侧外壁温度低于回流侧外壁温度。在相同的冷却液流量下，改变冷却水的进出口位置后，计算结果各截面温度分布如图 3.14（b）和（c）所示。计算条件（1）下截面 3 的出口 2 位置对应外壁温度高出出口 1 位置对应外壁温度约 0.3 ℃，而计算条件（2）下，截面 3 出口 1 位置对应外壁温度与出口 2 位置对应外壁温度基本相等。由于冷却水的流动进出口位置改变，因此各截面

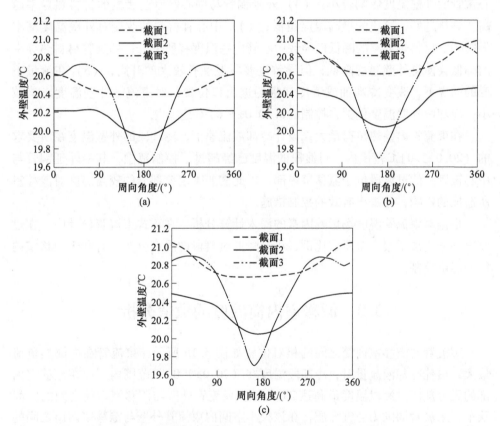

图 3.14 外延铜管在冷却液不同进出口条件下各截面温度分布
（高次模辐射 Q_H = 600 W，同步辐射 Q_S = 70 W，冷却油入口温度 t_{oin} = 19.0 ℃，
冷却水入口温度 t_{win} = 19.0 ℃，冷却油流量 V_o = 8.0 L/min，冷却水流量 V_w = 8.0 L/min）
（a）正常状态下外延铜管各截面外壁温度分布；（b）计算条件（1）下外延铜管各截面外壁温度分布；
（c）计算条件（2）下外延铜管各截面外壁温度分布

上的温度较正常状态下均有升高，外延铜管外壁温度最大升高0.4 ℃，平均温度升高0.2 ℃，但对中心铍管外壁温度并没有产生影响。外延铜管冷却水流动进出口位置的改变使得外延铜管与中心铍管间的过渡段最大温度较正常状态升高0.5 ℃，平均温度升高0.2 ℃。因此，在外延铜管冷却水流量不变，冷却水流动进出口改变的情况下，对束流管冷却段外壁温度并没有产生较大影响，仍然在允许的温度控制范围内。

由以上计算结果分析可知：（1）束流管内部同步辐射集中热负荷的存在对冷却段的外壁温度分布基本没有产生影响，只导致无冷却的过渡段同一截面内周向温度分布不均匀；（2）增加流速可以适当降低外延铜管的外壁温度，但对中心铍管的外壁温度影响较小；（3）外延铜管与中心铍管过渡段的材料热导率越高，导热越好，该段的最高温度越低；（4）中心管材料的改变对外壁温度基本无影响，材料热导率的降低仅导致中心管内壁温度有所上升；外延管材料热导率的降低会使得外壁温度降低，但导致过渡段温度有较大的升高；（5）在流量不变的前提下，改变冷却油或者冷却水的进出口位置，对束流管外壁温度影响较小，冷却段外壁温度仍然在控制的（20.0±1.0）℃范围内。

在束流管内壁热负荷最大，设计冷却液流速下，冷却段的外壁温度在所要求的（20.0±1.0）℃范围内，过渡段的温度已经超过了控制范围，其中外延铜管与中心铍管间的过渡段位于漂移室内部，因此需要确定该部分的较高温度对漂移室所造成的影响，并提出有效的控制措施。

根据对束流管温度场影响因素的深入计算分析，在正式束流管设计中，在过渡段部分增加了银合金所占比例，尽量降低过渡段的温度分布，有利于漂移室内筒的温度控制。

3.3　漂移室内筒温度的数值分析

束流管与漂移室内筒之间的相对位置如图3.15所示。束流管在内部热负荷最大，最佳冷却液流量时，冷却段温度在（20.0±1.0）℃范围内，而在漂移室内部的无冷却的过渡段温度最高达27.7 ℃。束流管外壁与漂移室内筒之间的空间狭小，束流管周围为空气介质，在该狭小空间内束流管外壁与漂移室内筒之间的传热方式为有限空间内自然对流换热，也可以当作封闭空间内的自然对流来处理，而封闭空间内的自然对流换热机理比较复杂，与大空间自然对流问题有着根本的不同，封闭空间内的自然对流现象根据封闭空间的几何形状和温度分布特点而不同[49]。因此需要建立封闭空间内的自然对流换热数学模型，研究过渡段的高温对漂移室内筒的温度影响和确定漂移室内筒温度保护的方案。

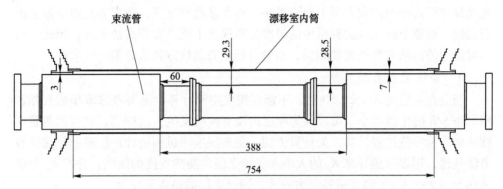

图 3.15 束流管与漂移室之间的相对位置示意图

3.3.1 换热数学模型及边界条件

3.3.1.1 封闭空间自然对流换热

文献［40］中给出了以下几种简单边界条件下的空气在有限空间内的自然对流的特征数方程式，图 3.16 为对应的三种有限空间内的自然对流示意图。

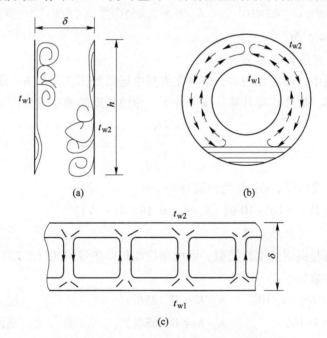

图 3.16 有限空间自然对流换热的几种形式
（a）竖夹层内自然对流；（b）环形夹层内自然对流；（c）横夹层内自然对流

自然对流是在重力场或其他力场的作用下由密度差引起的浮升力产生的，因此动量方程式中的体积力项不允许忽略。在大多数情况下，密度差是由于温差而引起的，而整个流场或边界层中的温度分布取决于能量方程式的求解，因此，自然对流中的流动和换热密切相关，动量方程式和能量方程式必须同时求解。

A　竖夹层内自然对流

当竖直夹层的 $\delta/h < 0.33$ 时，不能再按大空间计算，需要考虑流场的互相影响。当 δ/h 的比值很小，可以认为夹层内没有流动发生，这样通过夹层的热量应按流体的纯导热过程计算。为计算方便，把夹层换热过程的计算按平壁导热计算方法处理，用当量热导率 K_e 的大小来反映夹层内换热程度的强弱，并把 K_e 与流体热导率之比 K_e/K 整理成特征方程式，通过夹层的热流密度为：

$$q = \frac{K_e}{\delta}(t_{w1} - t_{w2}) \tag{3.23}$$

式中，t_{w1}、t_{w2} 分别为热壁和冷壁的温度，℃；δ 为冷热两壁面之间的距离，m。

式（3.23）中 K_e 的取值根据流态的不同变化，主要有以下三种情况：

(1) $Gr_\delta < 2 \times 10^3$ 　　　　　 $K_e/K = 1$ 　　　　　　　　几乎不流动

(2) $2 \times 10^4 < Gr_\delta < 2 \times 10^5$ 　 $K_e/K = 0.18 Gr_\delta^{1/4} \times (\delta/h)^{1/9}$ 　　层流

(3) $2 \times 10^5 < Gr_\delta < 2 \times 10^7$ 　 $K_e/K = 0.055 Gr_\delta^{1/3} \times (\delta/h)^{1/9}$ 　湍流

式中，$Gr_\delta = ga_V \delta^3 \Delta t/v^2$。

B　环形夹层内自然对流

环形夹层中，热面在内时，空气在夹层中运动如图 3.16（b）所示，内环下部为静止气体，按热传导计算。该条件下，单位长度的换热量为：

$$q_t = \frac{2\pi\lambda_e(t_{w1} - t_{w2})}{\ln\dfrac{d_2}{d_1}} \tag{3.24}$$

式中，d_2 为外筒内径，m；d_1 为内筒外径，m。

当 $(Gr_\delta \cdot Pr) = 10^3 \sim 10^8$ 时，$K_e/K = 0.18(Gr \cdot Pr)_\delta^{1/4}$。

C　横夹层内自然对流

横夹层与竖夹层的结构类似，因此单位面积换热量同式（3.23），但 K_e 取值不同。具体取值如下：

(1) $10^4 < Gr_\delta < 4 \times 10^5$ 　　 $K_e/K = 0.195 Gr_\delta^{1/4}$ 　　　　层流

(2) $Gr_\delta > 4 \times 10^5$ 　　　　　 $K_e/K = 0.068 Gr_\delta^{1/3}$ 　　　　　湍流

3.3.1.2　自然对流换热数学模型及边界条件

水平同心环形夹层内的自然对流换热的研究由于它的应用范围广泛，近来引起了研究者的广泛关注，该类研究主要应用在太阳能集热器、能量存贮系统、核反应堆冷却系统，电气绝热传输线等方面。而且目前研究的主要边界条件为内外壁面的温度分别均匀分布，且内壁温度一般要高于外壁温度[50-52]。

根据束流管与漂移室内筒间的空间形状，我们研究的简化三维几何模型如图 3.17 所示。

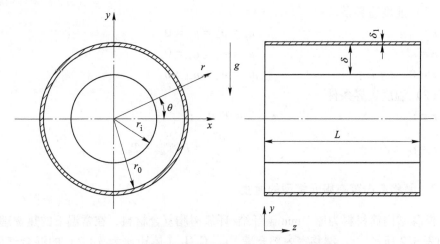

图 3.17 水平环隙内自然对流换热几何模型示意图

由于漂移室内筒与束流管外壁之间存在的温差较小，因此可以认为除了引起流体流动的密度差外，方程式中其他的热物理参数可当作常数。则自然对流的连续性方程、Navier-Stokes 方程和能量方程在直角坐标系下表示为如下形式[53]：

（1）连续性方程

$$\frac{\partial(\rho u_x)}{\partial x} + \frac{\partial(\rho u_y)}{\partial y} + \frac{\partial(\rho u_z)}{\partial z} = 0 \qquad (3.25)$$

（2）Navier-Stokes 方程

$$\frac{\partial(\rho u_x u_x)}{\partial x} + \frac{\partial(\rho u_y u_x)}{\partial y} + \frac{\partial(\rho u_z u_x)}{\partial z} = -\frac{\partial P}{\partial x} + \mu\left(\frac{\partial^2 u_x}{\partial x^2} + \frac{\partial^2 u_x}{\partial y^2} + \frac{\partial^2 u_x}{\partial z^2}\right)$$

$$\frac{\partial(\rho u_x u_y)}{\partial x} + \frac{\partial(\rho u_y u_y)}{\partial y} + \frac{\partial(\rho u_z u_y)}{\partial z} = -\frac{\partial P}{\partial y} + \mu\left(\frac{\partial^2 u_y}{\partial x^2} + \frac{\partial^2 u_y}{\partial y^2} + \frac{\partial^2 u_y}{\partial z^2}\right) + \rho g$$

$$\frac{\partial(\rho u_x u_z)}{\partial x} + \frac{\partial(\rho u_y u_z)}{\partial y} + \frac{\partial(\rho u_z u_z)}{\partial z} = -\frac{\partial P}{\partial z} + \mu\left(\frac{\partial^2 u_z}{\partial x^2} + \frac{\partial^2 u_z}{\partial y^2} + \frac{\partial^2 u_z}{\partial z^2}\right)$$

$$(3.26)$$

（3）流体区域能量方程

$$\frac{\partial(\rho u_x T_L)}{\partial x} + \frac{\partial(\rho u_y T_L)}{\partial y} + \frac{\partial(\rho u_z T_L)}{\partial z} = \frac{K}{c_p}\left(\frac{\partial^2 T_L}{\partial x^2} + \frac{\partial^2 T_L}{\partial y^2} + \frac{\partial^2 T_L}{\partial z^2}\right) \qquad (3.27)$$

（4）固体区域能量方程

$$\frac{\partial^2 T_S}{\partial x^2} + \frac{\partial^2 T_S}{\partial y^2} + \frac{\partial^2 T_S}{\partial z^2} = 0 \tag{3.28}$$

为方便描述，边界条件按对应的柱坐标下形式给出，分别为：

（1）速度边界条件

$r = r_i$：　　　　　　　　　　$u_r = u_\theta = u_z = 0$

$r = r_0$：　　　　　　　　　　$u_r = u_\theta = u_z = 0$

$z = 0, z = L$：　　　　　　　$u_r = u_\theta = u_z = 0$

（2）温度边界条件

$r = r_i$：　　　　　　　　　　$T = T(\theta, z)$

$r = r_0 + \delta_1$：　　　　　　$-k_S \frac{\partial T_S}{\partial r} = h(T_\infty - T_S)$

3.3.2　漂移室内腔有限元模型的建立

漂移室内筒材料为厚 1 mm 碳纤维/环氧树脂复合材料，在常温下的热物理特性如表 3.2 所示[54]。漂移室内部充满 He、C_3H_8（体积比为 3：2）的混合气体，在常温常压下 He 和 C_3H_8 的热物理特性如表 3.3 所示。

表 3.2　碳纤维/环氧树脂复合材料热物理特性

物 理 特 性	数 值
密度/kg·m⁻³	1600
比热容/J·(kg·K)⁻¹	1500
热导率/W·(m·K)⁻¹	11.4

表 3.3　He 及 C_3H_8 气体的热物理特性

物 理 特 性	He	C_3H_8
密度/kg·m⁻³	0.1604	1.817
定压热容/J·(kg·K)⁻¹	5193	1677
定容热容/J·(kg·K)⁻¹	3116	1468
热导率/W·(m·K)⁻¹	0.156	0.003514
动力黏度/Pa·s	19.93×10⁻⁶	8.11×10⁻⁶

混合气体热物理特性计算公式为：

（1）密度

$$\rho = \sum_{i=1}^{2} a_i \rho_i \tag{3.29}$$

式中，a_i 为混合气体 i 组分气体所占的体积分数；ρ_i 为混合气体 i 组分气体密度，kg/m³。

（2）定压热容

$$c_p = \sum_{i=1}^{2} a_i c_{pi} \tag{3.30}$$

式中，c_{pi} 为混合气体 i 组分气体定压热容，J/(kg·K)。

（3）定容热容

$$c_v = \sum_{i=1}^{2} a_i c_{vi} \tag{3.31}$$

式中，c_{vi} 为混合气体 i 组分气体定容热容，J/(kg·K)。

（4）动力黏度

$$\mu = \frac{\sum\limits_{i=1}^{2} a_i M_i^{\frac{1}{2}} \mu_i}{\sum\limits_{i=1}^{2} a_i M_i^{\frac{1}{2}}} \tag{3.32}$$

式中，μ_i 为混合气体 i 组分气体动力黏度，Pa·s；M_i 为混合气体 i 组分分子量。

（5）热导率

$$K = \frac{9 - 5/\gamma}{4} c_p \mu \tag{3.33}$$

式中，$\gamma = \dfrac{c_p}{c_v}$。

（6）普朗特数

$$Pr = \frac{\mu c_p}{K} \tag{3.34}$$

根据式（3.29）~式（3.34）计算得 He/C_3H_8 混合气体的热物理特性如表 3.4 所示。

表 3.4 He/C_3H_8 混合气体的热物理特性

物 理 特 性	He/C_3H_8 混合气体
密度/kg·m^{-3}	0.823
定压热容/J·(kg·K)$^{-1}$	3786.6
定容热容/J·(kg·K)$^{-1}$	2456.8
热导率/W·(m·K)$^{-1}$	0.064
动力黏度/Pa·s	11.79×10^{-6}
普朗特数	0.698

漂移室内混合气体温度取 20.0 ℃，取温差为 $\Delta T = 1.0$ ℃，漂移室内筒外径为 $d = 128.0$ mm。根据工程中广泛使用的水平圆筒外壁自然流动换热的特征数方程：

$$Nu = c(GrPr)^n \tag{3.35}$$

$$Gr = ga_V d^3 \Delta t / v^2 \tag{3.36}$$

式中，a_V 为空气的体胀系数，$a_V = \dfrac{1}{T}$，K^{-1}；g 为重力加速度，m/s^2；v 为运动黏度，m^2/s。

根据式（3.36）计算得 $GrPr = 3.522 \times 10^5$，因此漂移室内大空间自然对流属于层流流动，根据文献［40］可得式（3.35）中系数分别为：$C = 0.53$，$n = 1/4$。可以计算得 $Nu = 12.9$，则

$$h = Nu \frac{K}{d} \approx 6.5 \ W/(m^2 \cdot K)$$

因此取漂移室内筒外壁的对流换热系数为 $6.5 \ W/(m^2 \cdot K)$。

3.3.2.1　有限元模型的网格划分

漂移室与束流管之间的有限空间是轴对称结构，图 3.18 为束流管外延铜管与中心铍管间的过渡段暴露在漂移室内筒时 1/2 结构截面形状及网格划分，束流管外壁和漂移室内腔之间为空气介质；图 3.19 为在束流管的外延铜管与中心铍管间的过渡段外侧安装隔热罩时的网格划分；图 3.20 为计算空间的端面网格划分。

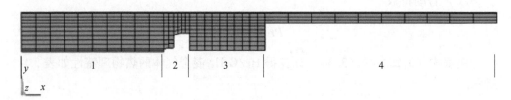

图 3.18　放大腔直接暴露在漂移室内时 1/2 截面网格划分

1—中心铍管段；2—放大腔段；3—过渡段；4—外延铜管段

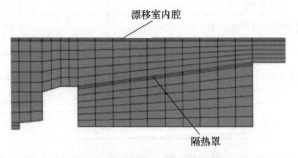

图 3.19　放大腔外加隔热罩时网格划分

整个三维计算空间模型在过渡段直接暴露在漂移室内时共划分为 51330 个单

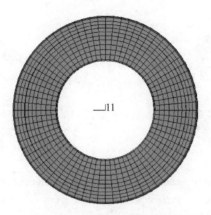

图 3.20　漂移室与束流管之间腔体端面网格划分

元,有隔热罩存在时共划分为 55872 个单元,隔热罩材料为防锈铝,具体材料特性见表 3.5,漂移室内筒壁面材料特性如表 3.2 所示。

表 3.5　防锈铝材料物理特性

物 理 特 性	参数取值
密度/kg·m^{-3}	2640
比热容/J·(kg·K)$^{-1}$	921
热导率/W·(m·K)$^{-1}$	117
线胀系数/℃$^{-1}$	22.8×10^{-6}(20~100 ℃)
弹性模量/GPa	68.6
泊松比	0.32
屈服强度/MPa	205

3.3.2.2　有限元模型的边界条件

参考束流管内壁高次模辐射功率为 600 W,同步辐射全长分布,功率为 70 W 时的束流管外壁温度分布,根据 3.2.1 节中的理论计算结果取如下边界条件:

(1) 中心铍管外壁为均匀温度 19.2 ℃;

(2) 外延铜管外壁为均匀温度 20.4 ℃;

(3) 冷却油入口侧放大腔外壁均匀温度为 19.9 ℃,冷却油出口侧放大腔外壁均匀温度为 21.8 ℃;

(4) 过渡段外壁温度分布如图 3.21 所示,冷却油入口侧的过渡段外壁温度为 20.4~26.0 ℃,冷却油出口侧过渡段外壁温度为 21.0~27.7 ℃。采用线性插值法通过 APDL 参数化编程将过渡段温度的计算结果加载到自然对流换热模型对应位置;

(5) 漂移室内筒外表面为自然对流换热,换热系数为 6.5 W/(m^2·K)。

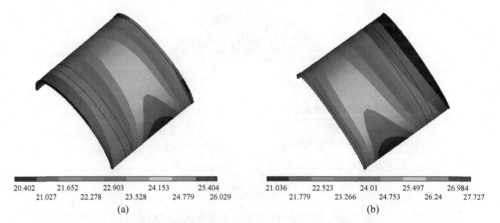

20.402　　21.652　　22.903　　24.153　　25.404
　　21.027　　22.278　　23.528　　24.779　　26.029
(a)

21.036　　22.523　　24.01　　25.497　　26.984
　　21.779　　23.266　　24.753　　26.24　　27.727
(b)

图3.21　束流管内壁热负荷最大时对应的过渡段外壁温度分布

(a) 冷却油入口侧过渡段外壁温度分布；(b) 冷却油出口侧过渡段外壁温度分布

根据式（3.36）计算得漂移室内筒与束流管外壁间的 $GrPr \approx 9.2 \times 10^4$，因此束流管外壁与漂移室内筒之间的自然对流换热按层流流动计算。求解中，速度、压力、温度同时求解，速度与压力采用三对角矩阵法（TDMA）求解，收敛精度为 1×10^{-8}；温度采用预条件双共轭梯度法（PBCGM）求解方法，收敛精度 1×10^{-10}。

3.3.3　过渡段暴露时漂移室内温度场分析

在过渡段暴露在漂移室内时，计算结果如图 3.22 所示，漂移室内筒温度范围在 293.1～294.7 K（20.1～21.7 ℃）之间，超出了漂移室内筒要求的温度控制

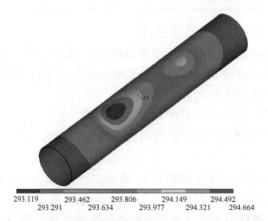

293.119　　293.462　　293.806　　294.149　　294.492
　　293.291　　293.634　　293.977　　294.321　　294.664

图3.22　过渡段暴露在漂移室内时漂移室内筒的温度分布

范围（20.0±1.0）℃，由于自然对流的影响，漂移室内筒上部温度最高。计算区域竖直中心截面的温度场分布如图 3.23（a）所示，水平中心截面的温度场分布如图 3.23（b）所示，同步辐射侧过渡段外壁的局部高温并没有对漂移室内筒侧面的温度分布造成影响，封闭腔体内的自然对流主要集中在过渡段与中心铍管之间。

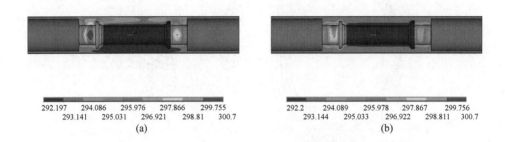

292.197　294.086　295.976　297.866　299.755　　　292.2　294.089　295.978　297.867　299.756
　293.141　295.031　296.921　298.81　300.7　　　　293.144　295.033　296.922　298.811　300.7
　　　　　　　　（a）　　　　　　　　　　　　　　　　　　　　　（b）

图 3.23　过渡段暴露在漂移室内时束流管与漂移室间有限空间内的温度分布
（a）竖直截面温度分布；（b）水平截面温度分布

温差的存在导致了三维腔体内复杂的自然对流，过渡段暴露在漂移室内时，自然对流换热主要在过渡段和中心铍管之间进行，空气由过渡段加热上升流入中心铍管段然后冷却下降再流回过渡段形成空气循环。由于两端过渡段的存在，因此两端过渡段与中心铍管之间形成了各自的独立气流循环，温度较高的过渡段形成的气流循环范围要大于温度较低的过渡段形成的气流循环范围，高温过渡段侧形成的气流循环局部截面速度分布矢量如图 3.24 所示，左边的圆环截面为图 3.18 过渡段中心位置截面，右边的圆环截面为图 3.18 中半中心铍管的右端截面，另一截面为过模型中心轴的竖直截面，空气在过渡段侧面的局部高温位置速度较大，经过高温位置加热后上升到顶部与另外一侧的热气流混合，使得漂移室内筒上部温度升高。

3.3.4　过渡段加隔热罩时温度场分析

当束流管的中心铍管与外延铜管之间的过渡段外部加一隔热罩，内部为自然对流时，数值计算结果如图 3.25 所示，漂移室内筒温度范围在 292.8～293.6 K（19.8～20.6 ℃）之间，在温度要求的（20.0±1.0）℃范围之内。图 3.26 为计算区域水平截面与垂直截面的温度分布云图，由于隔热罩的存在，很好地屏蔽了过渡段的高温，使得隔热罩外的自然对流换热引起的气体循环减弱，控制了漂移室内筒的温度在要求的温度范围内。

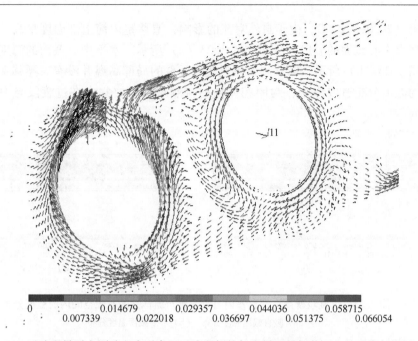

0   0.014679   0.029357   0.044036   0.058715
    0.007339   0.022018   0.036697   0.051375   0.066054

图 3.24 过渡段暴露在漂移室内时高温过渡段侧的气流循环局部截面上的速度矢量图

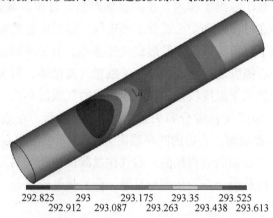

292.825   293   293.175   293.35   293.525
    292.912   293.087   293.263   293.438   293.613

图 3.25 过渡段外只加隔热罩时对应的漂移室内壁温度分布

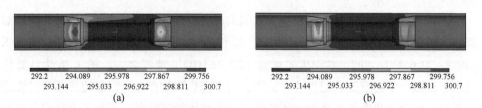

292.2   294.089   295.978   297.867   299.756   292.2   294.089   295.978   297.867   299.756
    293.144   295.033   296.922   298.811   300.7   293.144   295.033   296.922   298.811   300.7
                    (a)   (b)

图 3.26 过渡段外只加隔热罩时对应的截面温度分布
(a) 竖直截面温度分布；(b) 水平截面温度分布

　　图 3.27 为束流管较高温度过渡段的隔热罩外形成的气流循环局部截面速度矢量图，各截面位置同图 3.24，图 3.28 为束流管较高温度过渡段的隔热罩内自然对流竖直截面速度矢量图，隔热罩外部的速度矢量分布与无隔热罩时的速度矢量分布基本相似，隔热罩内部形成了独立的有限空间内的自然对流。隔热罩内的自然对流使得隔热罩的外壁温度分布比较对称，因此在隔热罩外部的自然对流中，隔热罩外壁两侧的速度分布为对称分布，隔热罩的存在对漂移室内筒的温度起到了很好的控制作用。

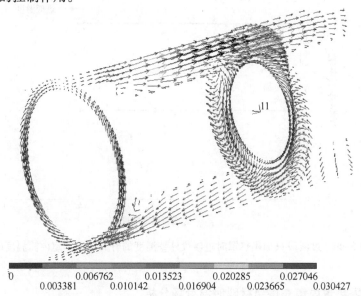

图 3.27　束流管较高温度过渡段的隔热罩外形成的气流循环局部截面速度矢量图

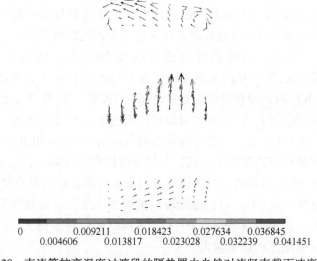

图 3.28　束流管较高温度过渡段的隔热罩内自然对流竖直截面速度矢量图

　　在冷却段外壁温度恒定后，改变过渡段的温度，在过渡段原来温度分布的基础上分别增加 1.0 ℃、2.0 ℃、3.0 ℃，通过数值计算研究有隔热罩存在时，过渡段温度的升高对漂移室内筒温度的影响。图 3.29 为过渡段温度上升对漂移室内筒温度影响的分布曲线，由于隔热罩内部的自然对流的存在，在过渡段外壁温度增加后，对漂移室内筒的温度基本没有造成影响。

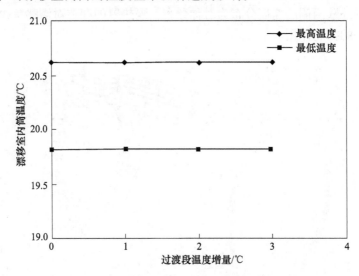

图 3.29　过渡段只加隔热罩时过渡段外壁温度的升高对漂移室内筒温度的影响

3.3.5　隔热罩内填充保温材料时温度场分析

　　当束流管的中心铍管与外延铜管间的过渡段外部加一隔热罩，内部填充保温材料时，对整体温度场及流场进行数值计算。改变保温材料的热导率从 0.02 ~ 2.0 W/(m·K)，分别增加过渡段温度计算整个空间的温度场分布。计算结果如表 3.6 和表 3.7 所示。过渡段外壁温度为初始温度，保温材料热导率为 0.02 W/(m·K) 时，漂移室内筒温度范围为 19.82 ~ 20.61 ℃；保温材料热导率为 0.1 W/(m·K) 时，漂移室内筒温度范围为 19.83 ~ 20.62 ℃；保温材料热导率为 0.5 W/(m·K) 时，漂移室内筒温度范围为 19.85 ~ 20.68 ℃；保温材料热导率为 2.0 W/(m·K) 时，漂移室内筒温度范围为 19.92 ~ 20.85 ℃；保温材料热导率变大使得漂移室内筒温度最高值与最低值均有所升高。在保温材料热导率小于 2.0 W/(m·K) 范围内，过渡段温度的增加对漂移室内筒的温度影响较小。在热导率为 2.0 W/(m·K) 时，过渡段温度增加 3.0 ℃，导致漂移室内筒最高温度升高 0.2 ℃，最低温度升高 0.07 ℃，保温材料热导率越大，过渡段温度的升高对漂移室内筒温度的影响越大。

表3.6　漂移室内筒最高温度　　　　　　　　　　（℃）

材料热导率 /W·(m·K)$^{-1}$	过渡段整体温度 增加 0 ℃	过渡段整体温度 增加 1.0 ℃	过渡段整体温度 增加 2.0 ℃	过渡段整体温度 增加 3.0 ℃
0.02	20.61	20.61	20.61	20.61
0.1	20.62	20.63	20.63	20.63
0.5	20.68	20.70	20.72	20.74
2.0	20.85	20.92	20.99	21.06

表3.7　漂移室内筒最低温度　　　　　　　　　　（℃）

材料热导率 /W·(m·K)$^{-1}$	过渡段整体温度 增加 0 ℃	过渡段整体温度 增加 1.0 ℃	过渡段整体温度 增加 2.0 ℃	过渡段整体温度 增加 3.0 ℃
0.02	19.82	19.82	19.83	19.83
0.1	19.83	19.83	19.83	19.84
0.5	19.85	19.86	19.87	19.88
2.0	19.92	19.94	19.97	19.99

　　对束流管外壁与漂移室内筒之间的有限空间内自然对流换热的计算研究表明，为了控制过渡段高温对漂移室的影响，需要在中心铍管与外延铜管间的无冷却过渡段外安装隔热罩，隔热罩内自然对流换热时，漂移室内筒温度范围在19.8~20.6 ℃，过渡段温度升高 3.0 ℃范围内时，对漂移室内筒温度基本无影响。在隔热罩内填充保温材料，保温材料热导率小于 0.1 W/(m·K) 时，漂移室内筒温度范围在 19.8~20.6 ℃，过渡段温度升高 3.0 ℃范围内时，对漂移室内筒温度基本无影响，在此条件下，冷却液入口温度波动最大可以在±0.4 ℃内。考虑到束流管外延铜管与中心铍管之间的过渡段上还需要安装剂量探测器以及引出管线，因此在正式束流管使用中，在过渡段处的剩余空间内可以填充热导率小于 0.028 W/(m·K) 的保温材料，然后外部安装隔热罩进行温度保护。

　　本章介绍了有限元分析结构温度场的常用格式，讨论了束流管温度场有限元分析模型的建立，对束流管的温度场进行了计算和详细讨论。

　　（1）对束流管内部高次模辐射热负荷最大时，不同的同步辐射热负荷条件下的束流管内外壁温度分布，以及束流管内部高次模辐射和同步辐射热负荷最大时，不同的冷却液流速、不同的材料热导率和不同的冷却液进出口位置条件下的束流管内外壁温度分布进行了数值研究，分析了以上因素对温度场的影响。

　　（2）针对束流管与漂移室内筒之间的狭小有限空间，建立了密闭空间内自然对流换热数学模型，研究了束流管过渡段的较高温度对漂移室内筒的影响，同时计算了过渡段外侧采用不同的热保护措施时的漂移室内筒的温度分布。结果表明热屏蔽结构的存在很好地阻止了过渡段较高温度对漂移室内筒的影响，使得内筒温度在控制要求的（20.0±1.0)℃范围内。

看彩图

4 束流管应力场有限元分析

在 BEPCⅡ运行中，束流管除了受重力和流体压力外，内壁面还受到分布不均匀的辐射热负荷。

大多数物体都会随温度的升高而膨胀，随温度的降低而收缩。当物体的温度由 T_1 升高至 T_2 时，如果物体的变形完全不受限制，则将在任意方向产生相同的正应变，其大小为 $\varepsilon = \alpha(T_2 - T_1) = \alpha\Delta T$，其中，$\varepsilon$ 为热应变，α 为材料的热膨胀系数。当物体的温度变化时，由于受其他物体的约束或物体内各部分之间的相互约束而产生的应力，为热应力。产生热应力的原因很多，但大致可分为如下几种：（1）结构体构件的热膨胀或收缩受到外界约束；（2）结构体构件之间的温差；（3）结构体内某一构件中的温度梯度；（4）线膨胀系数不同的材料的组合。

对于束流管来说，（1）束流管安装在漂移室内筒中，其构件的热膨胀或收缩收到外界约束；（2）束流管结构中有冷却段和非冷却段，不同零件之间存在温差；（3）束流管内壁辐射热负荷的分布不均必然引起其温度分布的不均匀，使束流管内存在温度梯度；（4）束流管由不同线膨胀系数的材料焊接而成。上述情况决定了束流管中热应力存在的必然性，称之为辐射热应力。为了保证束流管能够长期安全可靠地工作，在设备使用期限内不出现失效现象，需要对束流管工作过程中的热应力进行分析，这是在满足物理实验前提下，进行束流管结构设计的主要任务之一。

4.1 束流管应力分析的理论基础

金属材料在外力作用下将发生变形，根据变形的特点，金属材料在受力过程中的力学行为可分为两个明显不同的阶段：当外力小于某一限值——弹性极限载荷时，在引起变形的外力卸除后，材料能完全恢复到原来的形状，这种能恢复的变形为弹性变形，材料只产生弹性变形的阶段为弹性阶段；外力一旦超过弹性极限载荷，这时再卸除载荷，材料也不能恢复原状，其中有一部分不能消失的变形被保留下来，这种保留下来的永久变形为塑性变形，这一阶段为塑性阶段。

热弹塑性理论是研究材料在辐射热负荷下弹性和弹塑性变形规律的理论，它基于弹塑性理论，加入了温度对材料的影响因素。

4.1.1 束流管热弹塑性的增量本构方程

对于处于不均匀温度场下的结构，例如束流管，必须考虑温度对本构关系的影响，由第 2 章的分析可知，束流管的温度在常温范围内波动，不存在材料高温蠕变的因素，温度对材料特性参数的影响也可以忽略。因此，在考虑温度影响的经典弹塑性理论中，束流管的总应变增量 $d\{\varepsilon\}$ 可以表示为[55,56]：

$$d\{\varepsilon\} = d\{\varepsilon\}_e + d\{\varepsilon\}_p + d\{\varepsilon\}_T \tag{4.1}$$

式中，$d\{\varepsilon\}_e$ 为弹性应变增量；$d\{\varepsilon\}_p$ 为塑性应变增量；$d\{\varepsilon\}_T$ 为热应变增量。

材料弹性应变服从虎克定律：

$$\{\varepsilon\}_e = [D]^{-1}\{\sigma\} \tag{4.2}$$

不考虑温度对材料特性参数的影响时，弹性应变的增量形式表示为：

$$d\{\varepsilon\}_e = [D]^{-1}d\{\sigma\} \tag{4.3}$$

对金属之类具有塑性特性的塑性材料，塑性应变增量是和屈服面相关联的。对于等效强化 Von Mises 屈服准则，屈服面方程为：

$$f = \overline{\sigma} - H(\int d\overline{\varepsilon}_p, T) = 0 \tag{4.4}$$

式中，$\overline{\sigma}$ 为等效应力；$d\overline{\varepsilon}_p$ 为等效塑性应变增量。

对于和加载条件相关联的流动法则，塑性应变增量为：

$$d\{\varepsilon\}_p = \lambda \frac{\partial f}{\partial\{\sigma\}} = d\overline{\varepsilon}_p \frac{\partial f}{\partial\sigma} = d\overline{\varepsilon}_p \frac{\partial\overline{\sigma}}{\partial\{\sigma\}} \tag{4.5}$$

对于结构在温度作用下的热应变列阵 $\{\varepsilon\}_T$，可以表示为：

$$\{\varepsilon\}_T = \{\alpha\}(T - T_0) \tag{4.6}$$

式中，$\{\alpha\}$ 为热膨胀系数列阵；T、T_0 为瞬时温度和初始温度。

因为忽略常温下束流管温度波动对材料的热膨胀系数影响，相应的温度应变增量为：

$$d\{\varepsilon\}_T = \{\alpha\}dT \tag{4.7}$$

将式 (4.3)、式 (4.5)、式 (4.7) 代入式 (4.1) 中，经整理后可以得到应力增量表达式为：

$$d[\sigma] = [D]\left(d\{\varepsilon\} - d\overline{\varepsilon}_p \frac{\partial\overline{\sigma}}{\partial[\sigma]} - \{\alpha\}dT\right) \tag{4.8}$$

$$d[\sigma] = [D]\left(d\{\varepsilon\} - d\overline{\varepsilon}_p \frac{\partial\overline{\sigma}}{\partial[\sigma]} - d\{\varepsilon\}_0\right) \tag{4.9}$$

式中，$d\{\varepsilon\}_0 = \{\alpha\}dT$。

屈服面方程 $\overline{\sigma} = H(\int d\overline{\varepsilon}_p, T)$ 的增量形式为：

$$d\overline{\sigma} = \frac{\partial\overline{\sigma}}{\partial\{\sigma\}}d\{\sigma\} = \left\{\frac{\partial\overline{\sigma}}{\partial\{\sigma\}}\right\}^{-1}d\{\sigma\} = \frac{\partial H}{\partial\overline{\varepsilon}_p}d\overline{\varepsilon}_p + \frac{\partial H}{\partial T}dT \tag{4.10}$$

将式（4.9）两端左乘 $\left\{\dfrac{\partial\bar{\sigma}}{\partial\{\sigma\}}\right\}^{-1}$ 得到：

$$\left\{\frac{\partial\bar{\sigma}}{\partial\{\sigma\}}\right\}^{-1}\mathrm{d}\{\sigma\}=\left\{\frac{\partial\bar{\sigma}}{\partial\{\sigma\}}\right\}^{-1}[D]\left(\mathrm{d}\{\varepsilon\}-\mathrm{d}\bar{\varepsilon}_{\mathrm{p}}\frac{\partial\bar{\sigma}}{\partial[\sigma]}-\mathrm{d}\{\varepsilon\}_0\right) \tag{4.11}$$

由式（4.10）和式（4.11）可以得到：

$$\left\{\frac{\partial\bar{\sigma}}{\partial\{\sigma\}}\right\}^{-1}[D]\left(\mathrm{d}\{\varepsilon\}-\mathrm{d}\bar{\varepsilon}_{\mathrm{p}}\frac{\partial\bar{\sigma}}{\partial\{\sigma\}}-\mathrm{d}\{\varepsilon\}_0\right)=\frac{\partial H}{\partial\bar{\varepsilon}_{\mathrm{p}}}\mathrm{d}\bar{\varepsilon}_{\mathrm{p}}+\frac{\partial H}{\partial T}\mathrm{d}T \tag{4.12}$$

由式（4.12）得到 $\mathrm{d}\bar{\varepsilon}_{\mathrm{p}}$：

$$\mathrm{d}\bar{\varepsilon}_{\mathrm{p}}=\frac{\left\{\dfrac{\partial\bar{\sigma}}{\partial\{\sigma\}}\right\}^{-1}[D]\mathrm{d}\{\varepsilon\}-\left\{\dfrac{\partial\bar{\sigma}}{\partial\{\sigma\}}\right\}^{-1}[D]\mathrm{d}\{\varepsilon\}_0-\dfrac{\partial H}{\partial T}\mathrm{d}T}{[D]+\dfrac{\partial H}{\partial\bar{\varepsilon}_{\mathrm{p}}}} \tag{4.13}$$

将式（4.12）代入式（4.9），得到热弹塑性问题的增量本构方程：

$$\mathrm{d}\{\sigma\}=[D]_{\mathrm{ep}}(\mathrm{d}\{\varepsilon\}-\mathrm{d}\{\varepsilon\}_0)+\mathrm{d}\{\sigma\}_0 \tag{4.14}$$

式中，$[D]_{\mathrm{ep}}$ 为弹塑性矩阵；$\mathrm{d}\{\sigma\}_0$ 为初应力增量。两者的具体表达式如下所示：

$$[D]_{\mathrm{ep}}=[D]-[D]_{\mathrm{p}} \tag{4.15}$$

式（4.14）和式（4.15）中：

$$[D]_{\mathrm{p}}=\frac{[D]\dfrac{\partial\bar{\sigma}}{\partial\{\sigma\}}\left\{\dfrac{\partial\bar{\sigma}}{\partial\{\sigma\}}\right\}^{-1}[D]}{\dfrac{\partial H}{\partial\bar{\varepsilon}_{\mathrm{p}}}+\left\{\dfrac{\partial\bar{\sigma}}{\partial\{\sigma\}}\right\}^{-1}[D]\dfrac{\partial\bar{\sigma}}{\partial\{\sigma\}}} \tag{4.16}$$

$$\mathrm{d}\{\sigma\}_0=\frac{[D]\dfrac{\partial H}{\partial T}\mathrm{d}T\dfrac{\partial\bar{\sigma}}{\partial\{\sigma\}}}{\dfrac{\partial H}{\partial\varepsilon_{\mathrm{p}}}+\left\{\dfrac{\partial\bar{\sigma}}{\partial\{\sigma\}}\right\}^{-1}[D]\dfrac{\partial\bar{\sigma}}{\partial\{\sigma\}}} \tag{4.17}$$

从式（4.14）可以看出，$\mathrm{d}\{\varepsilon\}_0$ 是以初应变的形式出现于应力应变增量关系式中，而 $\mathrm{d}\{\sigma\}_0$ 是以初应力的形式出现于应力应变增量关系式中。

对于弹性问题的应变增量为：

$$\mathrm{d}\{\varepsilon\}=\mathrm{d}\{\varepsilon\}_{\mathrm{e}}+\mathrm{d}\{\varepsilon\}_{\mathrm{T}} \tag{4.18}$$

同理推导出热弹性问题的增量本构方程为：

$$\mathrm{d}[\sigma]=[D](\mathrm{d}\{\varepsilon\}-\mathrm{d}\{\varepsilon\}_0) \tag{4.19}$$

4.1.2　束流管热弹塑性分析的有限元格式

材料的非线性变形问题的应力与变形途径有关。因此，原则上不能用应力与应变分量的全量形式来描述这两种变形的本构关系，而应该用它们的微分关系表述之，这就是所谓的增量理论。在当前有限元法分析弹塑性问题时大都采用增量理论，同样，用有限元法分析弹塑性变形这一非线性问题时，也采用增量理论。

基于增量理论，得到热弹塑性变形的有限元增量控制方程。计算时，在每一步加载时，用增量 ΔT、$\Delta\{\sigma\}$、$\Delta\{\varepsilon\}$ 分别代替 $\mathrm{d}T$、$\mathrm{d}\{\sigma\}$、$\mathrm{d}\{\varepsilon\}$ 对增量本构方程进行线性化处理[57]。

（1）弹性区内，有 $\mathrm{d}\{\varepsilon\}_{\mathrm{p}}=0$，由式（4.9）得本构方程为：

$$\Delta\{\sigma\}=[D](\Delta\{\varepsilon\}-\Delta\{\varepsilon\}_0) \tag{4.20}$$

对应弹性区内的平衡方程则为：

$$[K]\Delta\{\delta\}=\Delta\{R\}+\Delta\{R(\Delta\{\varepsilon\}_0)\} \tag{4.21}$$

（2）塑性区内，由式（4.14）得本构方程为

$$\Delta\{\sigma\}=[D]_{\mathrm{ep}}(\Delta\{\varepsilon\}-\Delta\{\varepsilon\}_0)+\Delta\{\sigma\}_0 \tag{4.22}$$

对应塑性区内的平衡方程则为：

$$[K]_{\mathrm{ep}}\Delta\{\delta\}=\Delta\{R\}+\Delta\{R(\Delta\{\varepsilon\}_0)\}-\Delta\{R(\Delta\{\sigma\}_0)\} \tag{4.23}$$

（3）过渡区内，本构方程只需将式（4.22）中的 $[D]_{\mathrm{ep}}$，用加权平均弹塑性矩阵 $[\overline{D}]_{\mathrm{ep}}$ 代替，$\Delta\{\sigma\}_0$ 用 $(1-m)\Delta\{\sigma\}_0$ 代替即可。其中：

$$[\overline{D}]_{\mathrm{ep}}=[D]-(1-m)[D]_{\mathrm{p}} \tag{4.24}$$

$$m=\frac{\sigma_{\mathrm{s}}-\overline{\sigma}}{\Delta\overline{\sigma}} \tag{4.25}$$

式中，$[K]$ 和 $[K]_{\mathrm{ep}}$ 分别为弹性与弹塑性刚度矩阵；$\Delta\{\delta\}$ 为位移增量；$\Delta\{R\}$ 为载荷增量；$\Delta\{R(\Delta\{\varepsilon\}_0)\}$、$\Delta\{R(\Delta\{\sigma\}_0)\}$ 分别为温度初应变增量和初应力增量引起的等效节点载荷，并且有：

$$\Delta\{R(\Delta\{\varepsilon\}_0)\}=\int_V[B]^{-1}[D]_{\mathrm{ep}}\Delta\{\varepsilon\}_0\mathrm{d}V \tag{4.26}$$

$$\Delta\{R(\Delta\{\sigma\}_0)\}=\int_V[B]^{-1}[D]_{\mathrm{ep}}\Delta\{\sigma\}_0\mathrm{d}V \tag{4.27}$$

在进行结构的弹塑性分析时，通常将载荷分成若干个增量，然后对于每一载荷增量，将弹塑性方程线性化，从而使弹塑性分析这一非线性问题分解为一系列线性问题。

4.2　束流管应力场的数值分析

束流管的应力场受到多种因素的影响，包括束流管的约束方式、冷却介质的温度流量和压力、内铍管筋板与外铍管的接触宽度以及材料的热导率等，因此本节中将讨论上述多种因素对束流管应力场的影响并提出相应的措施，以保证束流管的安全可靠性。束流管应力场分析主要建立在温度场求解的基础上，温度场和流场求解完毕后，通过单元转换，将 fluid142 单元转换为 solid45 单元，并将温度

场和流体压力求解结果作为载荷加载在固体上，仅对固体材料求解，求得束流管的应力场。本节中采用第四强度理论的等效应力（Von Mises Stress，SEQV）作为束流管应力分析的准则，所指应力均为等效应力。

根据第 3 章中对束流管的流场和温度场求解，当中心铍管冷却油和外延铜管冷却水的流量均为 8 L/min，进口温度分别为 291.4 K 和 291.6 K 时，束流管的外壁温度能够满足漂移室的温度要求，因此，本章中在讨论单个因素对束流管应力场的影响时，冷却介质取此参数。

4.2.1 约束方式对应力场的影响

束流管在安装过程中，其内部有芯轴穿过，束流管两端与芯轴连接，其安装要经历以下几个过程：

（1）束流管两端与芯轴进行法兰连接，芯轴沿导轨徐徐送进 BESⅢ漂移室；

（2）束流管轴向定位之后，一端束流管与芯轴连接，另一端通过束流管支撑法兰实现局部四点固支；

（3）撤出芯轴，束流管支撑法兰对两端束流管进行局部四点固支；

（4）束流管两端法兰与加速器的 CF63 法兰完全连接，CF63 法兰与具有弹性结构的波纹管连接。

由于束流管真空法兰上的定位盲孔大于定位螺钉直径，同时弹性波纹管可以吸收轴向位移，所以可以将束流管的安装视为四种约束形式：（1）一端完全固支，一端完全自由；（2）两端完全固支；（3）两端局部固支；（4）一端完全固支，一端轴向自由。

束流管分别在四种约束边界条件下变形和应力的具体计算结果如图 4.1～图 4.4 及表 4.1 所示。其他计算条件为：（1）高次模辐射功率 $Q_H = 600$ W，均布于

```
0      0.116E-03   0.232E-03   0.348E-03   0.464E-03          305.865   0.141E+08   0.282E+08   0.423E+08   0.564E+08
  0.580E-04   0.174E-03   0.290E-03   0.406E-03   0.522E-03       0.705E+07   0.212E+08   0.353E+08   0.494E+08   0.635E+08
                  (a)                                                               (b)
```

图 4.1 束流管的变形和应力云图（一端完全固支，一端完全自由）

（对应参数：高次模辐射功率 $Q_H = 600$ W，同步辐射功率 $Q_S = 150$ W；冷却油流量 $V_o = 8$ L/min，
进口温度为 291.4 K；冷却水流量 $V_w = 8$ L/min，进口温度为 291.6 K；
内铍管筋板与外铍管的接触宽度为 0.8 mm；出口绝对压力均为 0.1 MPa）

（a）变形云图；（b）应力云图

0　　0.111E-05　0.223E-05　0.334E-05　0.446E-05	312.627　0.103E+08　0.206E+08　0.309E+08　0.412E+08
0.557E-06　0.167E-05　0.279E-05　0.390E-05　0.501E-05	0.515E+07　0.154E+08　0.257E+08　0.360E+08　0.463E+08
(a)	(b)

图 4.2　束流管的变形和应力云图（两端完全固支）

（对应参数：高次模辐射功率 Q_H = 600 W，同步辐射功率 Q_S = 150 W；冷却油流量 V_o = 8 L/min，

进口温度为 291.4 K；冷却水流量 V_w = 8 L/min，进口温度为 291.6 K；

内铍管筋板与外铍管的接触宽度为 0.8 mm；出口绝对压力均为 0.1 MPa）

（a）变形云图；（b）应力云图

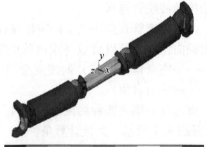

0　　0.184E-05　0.367E-05　0.551E-05　0.735E-05	331.11　0.945E+07　0.189E+08　0.284E+08　0.378E+08
0.919E-06　0.276E-05　0.459E-05　0.643E-05　0.827E-05	0.473E+07　0.142E+08　0.236E+08　0.331E+08　0.425E+08
(a)	(b)

图 4.3　束流管变形及应力云图（两端局部固支）

（对应参数：高次模辐射功率 Q_H = 600 W，同步辐射功率 Q_S = 150 W；冷却油流量 V_o = 8 L/min，

进口温度为 291.4 K；冷却水流量 V_w = 8 L/min，进口温度为 291.6 K；

内铍管筋板与外铍管的接触宽度为 0.8 mm；出口绝对压力均为 0.1 MPa）

（a）变形云图；（b）应力云图

束流管内壁；（2）同步辐射功率 Q_S = 150 W，均布于如图 2.4 所示的 2 mm 宽、
1000 mm 长的窄带位置；（3）中心铍管冷却油流量为 V_o = 8 L/min，进口温度为
291.4 K；（4）外延铜管冷却水流量为 V_w = 8 L/min，均分于左右铜管，进口温度
为 291.6 K；（5）内铍管筋板与外铍管的接触宽度为 0.8 mm；（6）中心铍管和
外延铜管的出口绝对压力为一个大气压，即 0.1 MPa。

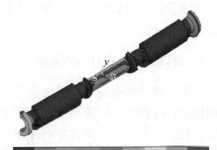

| 0 | 0.597E-05 | 0.119E-04 | 0.179E-04 | 0.239E-04 |
| 0.298E-05 | 0.895E-05 | 0.149E-04 | 0.209E-04 | 0.269E-04 |

| 567.982 | 0.542E+07 | 0.108E+08 | 0.162E+08 | 0.217E+08 |
| 0.271E+07 | 0.812E+07 | 0.135E+08 | 0.190E+08 | 0.244E+08 |

(a) 　　　　　　　　　　　　　　　　(b)

图 4.4　束流管的变形和应力云图（一端完全固支，一端轴向自由）

（对应参数：高次模辐射功率 $Q_H = 600$ W，同步辐射功率 $Q_S = 150$ W；冷却油流量 $V_o = 8$ L/min，

进口温度为 291.4 K；冷却水流量 $V_w = 8$ L/min，进口温度为 291.6 K；

内铍管筋板与外铍管的接触宽度为 0.8 mm；出口绝对压力均为 0.1 MPa）

（a）变形云图；（b）应力云图

表 4.1　不同约束条件下的束流管变形和应力

约束方式		一端完全固支 一端完全自由	两端完全固支	两端局部固支	一端完全固支 一端轴向自由
最大变形	值/mm	0.52	0.0050	0.0083	0.027
	位置	自由法兰下端	出油管	铝放大腔	自由法兰下端
铝放大腔最大变形/mm		0.21	0.0048	0.0083	0.014
最大应力	值/MPa	63.5	46.3	42.5	24.4
	位置	内铍管	内铍管	内铍管	真空法兰

从有限元模拟结果可以看出：

（1）不同约束条件下束流管的变形位置不同，两端完全固支时的最大变形在进油管处，两端局部固支时的最大变形在铝放大腔顶部，一端完全固支，一端完全自由和一端完全固支，一端轴向自由的最大变形在自由法兰下端。四种约束条件下铝放大腔的最大变形为 0.21 mm，相对于铝放大腔的流通内径（$\phi94$ mm），可忽略此微小变形对流场的影响。

（2）当束流管一端完全固支，一端轴向自由时，束流管最大应力在真空法兰处，为 24.4 MPa；其他几种约束方式下，束流管最大应力在内铍管处，当一端完全固支，一端完全自由时，内铍管应力达到最大值，为 63.5 MPa。相对于 Be、5A06、AgMgNi17-15、TU1、316L 的屈服强度 240 MPa、205 MPa、360 MPa、300 MPa 和 380 MPa 来说，无论哪种约束方式下，束流管都具有较高的安全系数，在正常工作状况下不会发生破坏。当束流管一端完全固支，一端轴向自由时，束流管的应力最小，此时束流管最为安全，这种约束方式成为束流管的最终约束方式。

4.2.2　进口温度对应力场的影响

当束流管冷却介质进口温度变化时，其温度场有较大变化，在 BEPC Ⅱ 的束流调试运行过程中，可能出现束流管冷却介质短时间内的温度较高，为了确保束流管结构的万无一失，有必要对冷却介质温度较高时的束流管应力场进行分析。根据 4.2.1 节的计算，一端固支，一端轴向自由为束流管的约束方式，因此从本节起讨论单个因素对束流管应力场的影响时，束流管均取该约束方式。

改变冷却介质的进口温度，进行束流管应力场的求解。其他计算条件为：（1）高次模辐射功率为 $Q_H = 600$ W，均布于束流管内壁；（2）同步辐射功率为 $Q_S = 150$ W，均布于如图 2.4 所示的 2 mm 宽、1000 mm 长的窄带位置；（3）中心铍管冷却油流量为 $V_o = 8$ L/min；（4）外延铜管冷却水流量为 $V_w = 8$ L/min，均分于左右铜管；（5）内铍管筋板与外铍管的接触宽度为 0.8 mm；（6）中心铍管和外延铜管的出口绝对压力为一个大气压，即 0.1 MPa；（7）束流管一端完全固支，一端轴向自由。

当中心铍管冷却油和外延铜管冷却水的进口温度均为 293 K 时，得到变形和应力云图如图 4.5 所示。

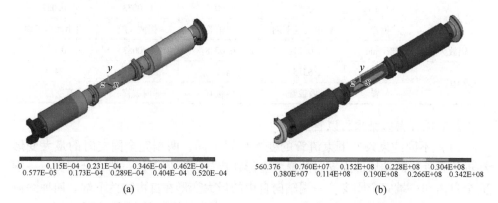

0　　0.115E-04　　0.231E-04　　0.346E-04　　0.462E-04
0.577E-05　　0.173E-04　　0.289E-04　　0.404E-04　　0.520E-04

(a)

560.376　　0.760E+07　　0.152E+08　　0.228E+08　　0.304E+08
0.380E+07　　0.114E+08　　0.190E+08　　0.266E+08　　0.342E+08

(b)

图 4.5　束流管的变形和应力云图（进口温度均为 293 K 时）

（对应参数：高次模辐射功率 $Q_H = 600$ W，同步辐射功率 $Q_S = 150$ W；冷却油流量 $V_o = 8$ L/min，
冷却水流量 $V_w = 8$ L/min；内铍管筋板与外铍管的接触宽度为 0.8 mm；
出口绝对压力均为 0.1 MPa；束流管一端完全固支，一端轴向自由）
（a）变形云图；（b）应力云图

在其他条件保持不变的条件下，改变中心铍管冷却油和外延铜管冷却水的进口温度，均为 292 K，得到束流管的变形和应力云图如图 4.6 所示。

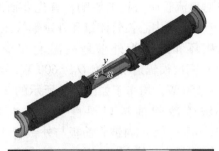

```
0      0.769E-05   0.154E-04    0.231E-04   0.308E-04
   0.385E-05   0.115E-04   0.192E-04   0.269E-04   0.346E-04
                      (a)
```

```
638.941    0.604E+07   0.121E+08   0.181E+08   0.242E+08
   0.302E+07   0.906E+07   0.151E+08   0.211E+08   0.272E+08
                      (b)
```

图 4.6　束流管的变形和应力云图（进口温度均为 292 K 时）

（对应参数：高次模辐射功率 $Q_H = 600$ W，同步辐射功率 $Q_S = 150$ W；冷却油流量 $V_o = 8$ L/min，

冷却水流量 $V_w = 8$ L/min；内铍管筋板与外铍管的接触宽度为 0.8 mm；

出口绝对压力均为 0.1 MPa；束流管一端完全固支，一端轴向自由）

（a）变形云图；（b）应力云图

　　综合图 4.3、图 4.5 和图 4.6 对束流管应力场的求解，将束流管在冷却介质进口温度不同时的变形和应力计算结果列于表 4.2。

表 4.2　冷却介质不同进口温度条件下的束流管变形和应力

名　　称		冷却油和冷却水进口温度分别为291.4 K 和 291.6 K	冷却油和冷却水进口温度均为 292 K	冷却油和冷却水进口温度均为 293 K
最大变形	值/mm	0.027	0.035	0.052
	位置	自由法兰下端	自由法兰下端	自由法兰下端
铝放大腔最大变形/mm		0.014	0.019	0.028
最大应力	值/MPa	24.4	27.2	34.2
	位置	真空法兰	真空法兰	真空法兰

　　从表 4.2 可以看出，随着冷却介质温度的升高，束流管最大变形和最大应力呈变大趋势，且最大应力均发生在真空法兰位置。当束流管冷却介质的进口温度达到 293 K 时，束流管的最大应力即真空法兰的最大应力为 34.2 MPa，此时束流管仍然有较高的安全系数。

4.2.3　流量对应力场的影响

　　在对束流管冷却的过程中，冷却介质流量的变化必然引起束流管温度场的变化和冷却腔内压降的变化，最终引起束流管应力场的变化，因此研究冷却介质流

量对束流管应力场的影响，首先要研究流量对束流管温度场和流场的影响。图
4.7 给出了中心铍管流量和外延铜管流量由 1 L/min 到 15 L/min 时，外铍管、过
渡银环和外铜管外壁最高温度和最大温差的变化情况，其他计算条件为：
（1）高次模辐射功率为 $Q_H = 600$ W，均布于束流管内壁；（2）同步辐射功率为
$Q_S = 150$ W，均布于如图 2.4 所示的 2 mm 宽、1000 mm 长的窄带位置；（3）中
心铍管冷却油进口温度为 291.4 K；（4）外延铜管冷却水进口温度为
291.6 K；（5）内铍管筋板与外铍管的接触宽度为 0.8 mm；（6）中心铍管和外
延铜管的出口绝对压力为一个大气压，即 0.1 MPa；（7）束流管一端完全固支，
一端轴向自由。

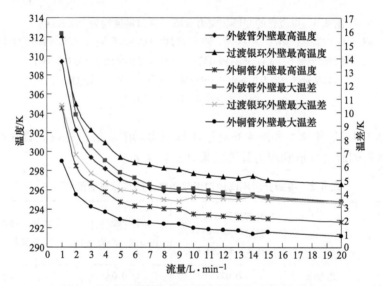

图 4.7　束流管外壁最高温度和最大温差随流量的变化
（对应参数：高次模辐射功率 $Q_H = 600$ W，同步辐射功率 $Q_S = 150$ W；
冷却油进口温度为 291.4 K；冷却水进口温度为 291.6 K；
内铍管筋板与外铍管的接触宽度为 0.8 mm；出口绝对压力均为 0.1 MPa）

当冷却介质流量从 1 L/min 到 8 L/min 变化时，束流管外壁最高温度和最大
温差随流量的变大呈降低趋势，且降幅较大；当流量从 8 L/min 到 15 L/min 变化
时，随流量的增大，束流管外壁最高温度和最大温差下降幅度较小，且银环的外
壁最大温差有升高趋势。这说明流量到达一定值后，增加流量对于降低束流管外
壁温度没有明显的影响。

图 4.8 给出了中心铍管和外延铜管冷却腔压降随流量的变化曲线，可以看
出，冷却腔的压降随流量的增大而增大，当冷却流量达到 20 L/min，中心铍管和
外延铜管的压降已经达到了 0.022 MPa 和 0.021 MPa。

图 4.9 给出了束流管中各零部件的最大应力随冷却介质流量的变化曲线。

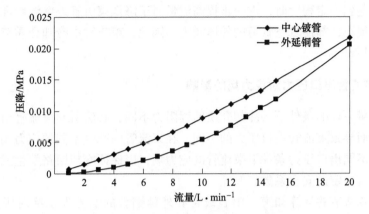

图 4.8 束流管压降随流量的变化情况

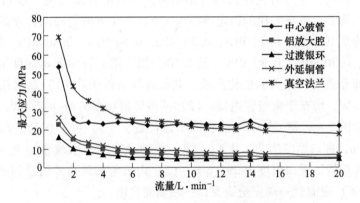

图 4.9 束流管最大应力随流量的变化情况

（对应参数：高次模辐射功率 $Q_H = 600$ W，同步辐射功率 $Q_S = 150$ W；冷却油进口温度为 291.4 K；
冷却水进口温度为 291.6 K；内铍管筋板与外铍管的接触宽度为 0.8 mm；
出口绝对压力均为 0.1 MPa；束流管一端完全固支，一端轴向自由）

由图 4.9 可以看出，随着冷却介质流量的升高，束流管各个零部件的最大应力逐渐降低。流量由 1 L/min 提高到 2 L/min 时，最大应力值的下降幅度最大，中心铍管、铝放大腔、过渡银环、外延铜管和真空法兰的最大应力值分别下降了 51.1%、34.9%、36.4%、38.5% 和 37.6%；流量由 2 L/min 提高到 8 L/min 过程中，中心铍管最大应力值的平均下降幅度为 2.7%/（L/min），铝放大腔、银环、外延铜管和真空法兰最大应力值的平均下降幅度分别为 8.9%/（L/min）、8.6%/（L/min）、7.4%/（L/min）、7.3%/（L/min）；流量由 8 L/min 提高到 20 L/min 过程中，中心铍管最大应力值几乎没有变化，其余各个零部件的最大应力值变化也很小，下降幅度分别为 2.2%/（L/min）、0.6%/（L/min）、2.2%/（L/min）、2.2%/（L/min）。

流量达到一定程度时，进一步提高流量对于降低束流管外壁温度和束流管应力的贡献很小，却使真空管道的外压增大，因此，束流管中冷却介质流量的最佳值取为 8 L/min。

4.2.4　束流管出口压力对应力场的影响

在流量一定的条件下，冷却介质回程阻力不同，必然引起束流管出口压力的不同，从而导致束流管进口压力的不同，在束流管内产生不同的应力场，因此有必要研究不同出口压力条件下束流管的应力场，以保证冷却回路发生意外堵塞时束流管具有一定的安全系数。

由 2.4.2 节的计算知道，中心铍管和外延铜管的临界失稳绝对压力分别为 1.21 MPa 和 24.7 MPa，最大工作绝对压力分别为 0.40 MPa 和 8.23 MPa，因此在研究束流管出口压力对其应力场的影响时，出口绝对压力最大取到 0.8 MPa，此时中心铍管发生真空失稳的稳定系数为 1.5。改变束流管冷却介质的出口绝对压力分别为 0.10 MPa、0.15 MPa、0.20 MPa、0.30 MPa、0.40 MPa、0.50 MPa、0.60 MPa、0.70 MPa、0.80 MPa，图 4.10 列出了束流管中各零部件最大应力随束流管冷却介质出口压力的变化曲线。其他计算条件为：（1）高次模辐射功率为 $Q_H = 600$ W，均布于束流管内壁；（2）同步辐射功率为 $Q_S = 150$ W，均布于如图 2.4 所示的 2 mm 宽、1000 mm 长的窄带位置；（3）中心铍管冷却油流量为 $V_o = 8$ L/min，进口温度为 291.4 K；（4）外延铜管冷却水流量为 $V_w = 8$ L/min，均分于左右铜管，进口温度为 291.6 K；（5）内铍管筋板与外铍管的接触宽度为 0.8 mm；（6）束流管一端完全固支，一端轴向自由。

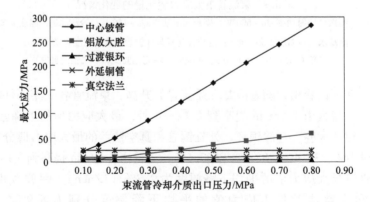

图 4.10　束流管最大应力随束流管冷却介质出口压力的变化情况

（对应参数：高次模辐射功率 $Q_H = 600$ W，同步辐射功率 $Q_S = 150$ W；冷却油流量为 8 L/min，
进口温度为 291.4 K；冷却水流量为 8 L/min，进口温度为 291.6 K；
内铍管筋板与外铍管的接触宽度为 0.8 mm；束流管一端完全固支，一端轴向自由）

从图 4.10 可以看出，随着冷却介质出口压力的不断变大，银环和法兰的最大应力基本没有变化；当出口绝对压力由 0.1 MPa 增大到 0.8 MPa 时，铜管的最大应力从 9.07 MPa 变化为 14.7 MPa，增大了 62.1%，但仍然远远小于铜的屈服强度 300 MPa；铝放大腔的最大应力呈上升趋势，当出口绝对压力达到 0.8 MPa 时，铝放大腔的最大应力为 59.2 MPa，但仍远远小于铝的屈服强度 205 MPa；铍管的最大应力受冷却介质出口压力的影响最大，当出口压力达到铍管的最大工作绝对压力 0.40 MPa 时，其最大应力为 124 MPa，小于铍的屈服强度 240 MPa，当出口绝对压力达到 0.7 MPa 时，此时的中心铍管真空失稳的稳定系数为 1.7，但中心铍管的最大应力达到了 243 MPa，超过了铍的屈服强度 240 MPa。由图 4.8 知，当冷却介质的流量为 8 L/min 时，中心铍管的压降为 0.007 MPa，如果此时中心铍管冷却介质的出口绝对压力为 0.40 MPa，则其进口绝对压力为 0.407 MPa，中心铍管真空失稳的稳定系数为 2.97(1.21/0.407≈3.0)，安全系数为 1.94(240/124≈1.9)，则中心铍管的整体安全系数为 1.9。而在 BEPCⅡ工程的实际运行中，中心铍管的出口绝对压力远远小于 0.40 MPa，7.5.2 节中根据中心铍管的实际出口绝对压力，对束流管的安全系数进行了计算。

4.2.5　内铍管筋板宽度对应力场的影响

内铍管外表面均匀分布的 6 根筋板将内外铍管冷却腔分为 6 个流道，以保证冷却介质对中心铍管进行均匀冷却，筋板与外铍管的接触宽度不同必然会引起束流管温度场的变化，从而引起束流管应力场的变化。在束流管有限元模型中，筋板与外铍管完全接触，通过改变筋板的宽度来改变内铍管筋板与外铍管的接触宽度，取内铍管筋板宽度分别为 0.1 mm、0.2 mm、0.4 mm、0.6 mm 和 0.8 mm，图 4.11 给出了外铍管、过渡银环和外铜管的外壁最高温度和最大温差随内壁管筋板宽度的变化情况。其他计算条件为：（1）高次模辐射功率为 $Q_H = 600$ W，均布于束流管内壁；（2）同步辐射功率为 $Q_S = 150$ W，均布于如图 2.4 所示的 2 mm 宽、1000 mm 长的窄带位置；（3）中心铍管冷却油流量为 $V_o = 8$ L/min，进口温度为 291.4 K；（4）外延铜管冷却水流量为 $V_w = 8$ L/min，均分于左右铜管，进口温度为 291.6 K；（5）中心铍管和外延铜管的出口绝对压力为一个大气压，即 0.1 MPa；（6）束流管一端完全固支一端轴向自由。

从图 4.12 可以看出，铍管外壁温度和外壁最大温差随筋板宽度的增加而升高，筋板宽度的变化对银环和铜管的外壁温度没有明显影响。

束流管温度场的变化引起其应力场的变化，图 4.12 给出了当筋板宽度从 0.1 mm 到 0.8 mm 变化过程中，束流管各零部件最大应力的变化曲线。

从图 4.12 可以看出，内外铍管间筋板的宽度对铝放大腔、过渡银环、外延铜管和真空法兰的最大应力几乎没有影响，对筋板本身的应力影响较大，当筋板

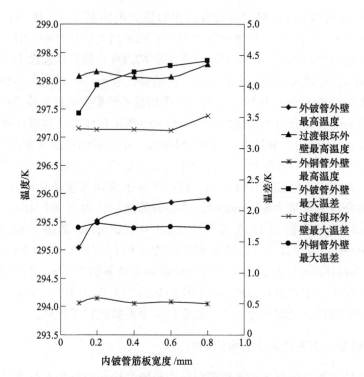

图 4.11　束流管外壁最高温度和最大温差随内铍管筋板宽度的变化

（对应参数：高次模辐射功率 $Q_H = 600$ W，同步辐射功率 $Q_S = 150$ W；冷却油流量为 8 L/min，

进口温度为 291.4 K；冷却水流量为 8 L/min，进口温度为 291.6 K；

出口绝对压力均为 0.1 MPa；束流管一端完全固支，一端轴向自由）

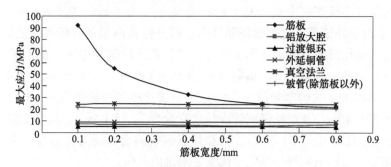

图 4.12　束流管最大应力随筋板宽度的变化情况

（对应参数：高次模辐射功率 $Q_H = 600$ W，同步辐射功率 $Q_S = 150$ W；冷却油流量为 8 L/min，

进口温度为 291.4 K；冷却水流量为 8 L/min，进口温度为 291.6 K；

出口绝对压力均为 0.1 MPa；束流管一端完全固支，一端轴向自由）

宽度为 0.1 mm、0.2 mm、0.4 mm、0.6 mm 和 0.8 mm 时，筋板最大应力分别为 92.2 MPa、55.2 MPa、32.9 MPa、25.1 MPa、21.9 MPa，但筋板之外的铍管的

最大应力分别为 21.8 MPa、21.2 MPa、21.0 MPa、20.9 MPa、20.8 MPa，下降趋势较小。

由于中心铍管筋板宽度的变大使外铍管的外壁温度呈上升趋势，使筋板本身的应力呈下降趋势，对筋板外的其他部位应力没有明显影响，因此在铍管筋板的设计中，将筋板宽度设计为底端较宽，为 0.8 mm，但其顶端与外铍管接触宽度要尽量小，以降低筋板本身的应力和外铍管的外壁温度。

4.2.6 中心管材料热导率对应力场的影响

材料导热性能的优劣用材料的热导率来表征，在相同条件下，材料的热导率不同会产生不同的温度场，从而引起不同的应力场。假设材料其他物理性质不变的条件下，改变关键材料的热导率，研究材料热导率对束流管应力场的影响，以进一步说明在满足物理实验要求的前提下，束流管中所用材料的选择依据。

中心管是束流管的重要冷却段，因此在其他物理性质保持不变的前提下，假设铍的热导率变为原来热导率（$\lambda_{铍}$）的 0.1 倍、0.2 倍、0.6 倍、1.5 倍、2 倍和 2.5 倍，研究中心管材料热导率对束流管应力场的影响。

研究束流管的应力场是从研究其温度场开始的，图 4.13 给出了随着中心管材料热导率变化，外铍管、过渡银环和外铜管外壁最高温度和最大温差的变化情况。其他计算条件不变，为：（1）高次模辐射功率为 $Q_H = 600$ W，均布于束流管内壁；（2）同步辐射功率为 $Q_S = 150$ W，均布于如图 2.4 所示的 2 mm 宽、1000 mm 长的窄带位置；（3）中心铍管冷却油流量为 $V_o = 8$ L/min，进口温度为 291.4 K；（4）外延铜管冷却水流量为 $V_w = 8$ L/min，均分于左右铜管，进口温度为 291.6 K；（5）内铍管筋板与外铍管的接触宽度为 0.8 mm；（6）中心铍管和外延铜管的出口绝对压力为一个大气压，即 0.1 MPa；（7）束流管一端完全固支，一端轴向自由。

由图 4.13 可以看出，当铍管的热导率从 0.1 倍增大到 2.5 倍时，外铍管和外铜管的外壁最高温度和最大温差没有明显变化，过渡银环的外壁最高温度下降了 2.0 K。外铍管外壁温度变化不明显是因为外铍管壁厚非常小（仅为 0.6 mm），冷却介质能够对铍管进行充分冷却，所以铍管热导率的变化对外铍管外壁面的温度影响很小；但铍管热导率的变大使作用于非冷却段过渡银环的热负荷可以更多地传导至冷却段铍管，被冷却介质带走，因此过渡银环的外壁温度随铍热导率的增大而降低；因为铜管与铍管没有直接接触，所以其外壁温度受铍管热导率的影响不明显。

在束流管温度场求解基础上对其应力场进行求解，图 4.14 列出了束流管中各零部件最大应力随中心管材料热导率的变化曲线。

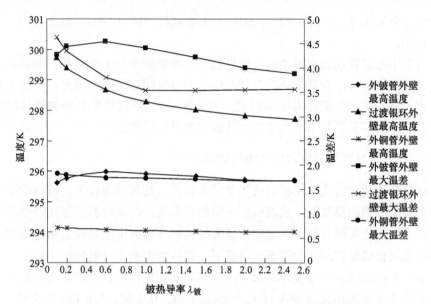

图 4.13　束流管外壁最高温度和最大温差随铍热导率的变化情况

（对应参数：高次模辐射功率 $Q_H = 600$ W，同步辐射功率 $Q_S = 150$ W；冷却油流量 $V_o = 8$ L/min，

进口温度为 291.4 K；冷却水流量 $V_w = 8$ L/min，进口温度为 291.6 K；

内铍管筋板与外铍管的接触宽度为 0.8 mm；出口绝对压力均为 0.1 MPa；

束流管一端完全固支，一端轴向自由）

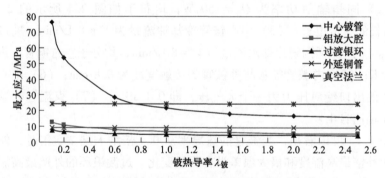

图 4.14　束流管最大应力随铍热导率的变化情况

（对应参数：高次模辐射功率 $Q_H = 600$ W，同步辐射功率 $Q_S = 150$ W；冷却油流量 $V_o = 8$ L/min，

进口温度为 291.4 K；冷却水流量 $V_w = 8$ L/min，进口温度为 291.6 K；

内铍管筋板与外铍管的接触宽度为 0.8 mm；出口绝对压力均为 0.1 MPa；

束流管一端完全固支，一端轴向自由）

从图 4.14 可以看出，铍热导率的变化对铝放大腔、过渡银环、外延铜管和真空法兰的最大应力没有明显影响。随着铍热导率的变大，中心铍管的最大应力呈下降的趋势，当热导率从 0.1 倍到 1.5 倍变化时，中心铍管的最大应力下降明显，当热导率继续变大为初始值的 2.0 倍、2.5 倍时，中心铍管的最大应力下降幅度较小。

中心管材料热导率的变大使束流管的最大应力下降，使束流管外壁温度略有降低，因此在进行束流管中心管材料选择时，在兼顾物理实验要求的小物质量的同时，要尽量选择热导率高的材料，这也是铍成为中心管最佳选择材料的原因。

4.2.7　外延管材料热导率对应力场的影响

束流管外延管的材料为无氧铜，是束流管的主要冷却段，对束流管的温度分布有较大影响，因此在无氧铜材料其他物性不变的前提下，假设无氧铜的热导率变为原来热导率（$\lambda_{铜}$）的 0.1 倍、0.2 倍、0.6 倍、1.5 倍、2 倍和 2.5 倍，研究外延管材料热导率对束流管应力场的影响。

研究束流管的应力场是从研究其温度场开始的，图 4.15 给出了随着外延管材料热导率变化，外铍管、过渡银环和外铜管外壁最高温度和最大温差的变化情况。其他计算条件为：（1）高次模辐射功率为 $Q_H = 600$ W，均布于束流管内壁；（2）同步辐射功率为 $Q_S = 150$ W，均布于如图 2.4 所示的 2 mm 宽、1000 mm 长的窄带位置；（3）中心铍管冷却油的流量为 $V_o = 8$ L/min，进口温度为 291.4 K；（4）外延铜管冷却水的流量为 $V_w = 8$ L/min，均分于左右铜管，进口温度为 291.6 K；（5）内铍管筋板与外铍管的接触宽度为 0.8 mm；（6）中心铍管和外延铜管的出口绝对压力为一个大气压，即 0.1 MPa；（7）束流管一端完全固支，一端轴向自由。

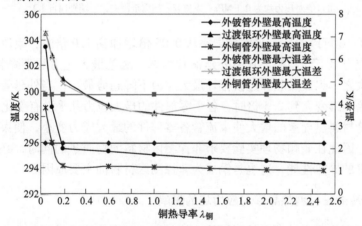

图 4.15　束流管外壁最高温度和最大温差随铜热导率的变化情况

（对应参数：高次模辐射功率 $Q_H = 600$ W，同步辐射功率 $Q_S = 150$ W；冷却油流量 $V_o = 8$ L/min，
进口温度为 291.4 K；冷却水流量 $V_w = 8$ L/min，进口温度为 291.6 K；
内铍管筋板与外铍管的接触宽度为 0.8 mm；出口绝对压力均为 0.1 MPa；
束流管一端完全固支，一端轴向自由）

从图 4.15 可以看出，铜热导率对外铍管外壁温度影响不明显，随铜热导率的变大，过渡银环和外铜管外壁最高温度下降幅度较大，最大温差也下降明显，这是因为当铜热导率变大时，更多负荷被冷却介质带走，导致其外壁温度降低，同时温度较高的非冷却段过渡银环中的热负荷传导至铜管，被冷却介质带走，使过渡银环外壁温度降低。

在束流管温度场求解基础上对其应力场进行求解，图 4.16 列出了束流管各零部件最大应力随外延管材料热导率的变化曲线。

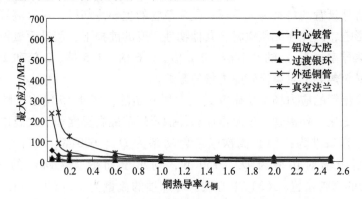

图 4.16　束流管最大应力随铜热导率的变化情况
（对应参数：高次模辐射功率 $Q_H = 600$ W，同步辐射功率 $Q_S = 150$ W；
冷却油流量 $V_o = 8$ L/min，进口温度为 291.4 K；冷却水流量 $V_w = 8$ L/min，
进口温度为 291.6 K；内铍管筋板与外铍管的接触宽度为 0.8 mm；
出口绝对压力均为 0.1 MPa；束流管一端完全固支，一端轴向自由）

从图 4.16 可以看出，当铜热导率从 0.05 倍增加到 1.0 倍时，束流管各零部件的最大应力呈下降趋势，其中外延铜管和真空法兰最大应力的下降趋势最大，中心铍管次之，铝放大腔和过渡银环最大应力下降趋势最小，当外延管材料热导率从 1.0 倍继续变大到 2.5 倍时，各个零部件的最大应力几乎没有变化。

外延管材料热导率的增大使束流管各零部件的最大应力变小，使束流管外壁温度下降，因此在兼顾物理实验要求非探测区材料大物质量的同时，必须考虑材料具有良好的导热性能，这也是铜成为非探测区材料的主要原因。

4.2.8　非冷却段材料热导率对应力场的影响

过渡银环将中心铍管和外延铜管连接起来，是束流管中重要的非冷却段，对束流管的温度分布有较大影响。过渡银环的材料为银镁镍合金，因此在其他物性不变的前提下，假设过渡银环的热导率变为原来热导率（$\lambda_银$）的 0.1 倍、0.2倍、0.6 倍、1.5 倍、2.0 倍和 2.5 倍，研究非冷却段材料热导率对束流管应力场的影响。

研究束流管的应力场是从研究其温度场开始的，图 4.17 给出了随着过渡银环材料热导率变化，外铍管、过渡银环和外铜管外壁最高温度和最大温差的变化情况。其他计算条件为：（1）高次模辐射功率为 $Q_H = 600$ W，均布于束流管内壁；（2）同步辐射功率为 $Q_S = 150$ W，均布于如图 2.4 所示的 2 mm 宽、1000 mm 长的窄带位置；（3）中心铍管冷却油流量为 $V_o = 8$ L/min，进口温度为 291.4 K；（4）外延铜管冷却水流量为 $V_w = 8$ L/min，均分于左右铜管，进口温度为 291.6 K；（5）内铍管筋板与外铍管的接触宽度为 0.8 mm；（6）中心铍管和外延铜管的出口绝对压力为一个大气压，即 0.1 MPa；（7）束流管一端完全固支，一端轴向自由。

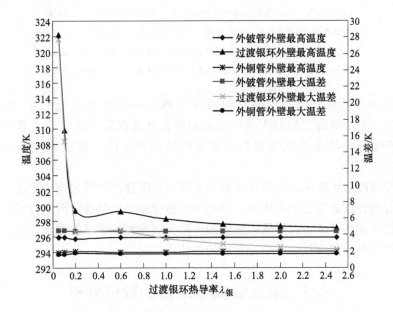

图 4.17 束流管外壁最高温度和最大温差随过渡银环热导率的变化

（对应参数：高次模辐射功率 $Q_H = 600$ W，同步辐射功率 $Q_S = 150$ W；
冷却油流量 $V_o = 8$ L/min，进口温度为 291.4 K；冷却水流量 $V_w = 8$ L/min，
进口温度为 291.6 K；内铍管筋板与外铍管的接触宽度为 0.8 mm；
出口绝对压力均为 0.1 MPa；束流管一端完全固支，一端轴向自由）

由图 4.17 可以看出，过渡银环材料热导率的增大使过渡银坏外壁温度和最大温差下降幅度明显，但对外铍管和外铜管的外壁温度没有明显影响。

在束流管温度场求解基础上对其应力场进行求解，图 4.18 列出了束流管中各零部件最大应力随过渡银环材料热导率的变化曲线。

从图 4.18 可以看出，当过渡银环材料热导率从 0.05 倍到 1.0 倍变化时，除了过渡银环本身外，与过渡银环有接触的中心铍管、铝放大腔和外延铜管的最大

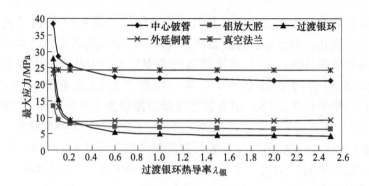

图 4.18　束流管最大应力随过渡银环热导率的变化情况

（对应参数：高次模辐射功率 $Q_H = 600$ W，同步辐射功率 $Q_S = 150$ W；

冷却油流量 $V_o = 8$ L/min，进口温度为 291.4 K；冷却水流量 $V_w = 8$ L/min，

进口温度为 291.6 K；内铍管筋板与外铍管的接触宽度为 0.8 mm；

出口绝对压力均为 0.1 MPa；束流管一端完全固支，一端轴向自由）

应力均有下降趋势，当过渡环材料热导率再进一步增大为 $1.5\lambda_银$、$2.0\lambda_银$ 和 $2.5\lambda_银$ 时，中心铍管、铝放大腔、过渡银环和外延铜管的最大应力基本没有变化；过渡银环热导率的变化对与它没有接触的真空法兰的最大应力几乎没有影响。

非冷却段过渡银环材料热导率的变大使多数零部件的最大应力变小，使过渡银环本身的外壁面温度下降明显，因此中心铍管和外延铜管之间非冷却段材料必须具有较高的热导率，以降低束流管的外壁面温度和各零部件的最大应力值，这使得银镁镍合金成为过渡环非冷却段的最佳选择材料。

4.3　束流管疲劳寿命的数值分析

4.3.1　束流管的瞬态应力分析

在 BEPCⅡ 运行过程中，分布于束流管内壁的高次模辐射热负荷的功率不变，同步辐射热负荷的功率变化规律具有随机性和不确定性，因此在对束流管的瞬态温度场和应力场进行分析时，取同步辐射的极端变化状态，即同步辐射功率在 $0\sim150$ W 之间进行阶跃性变化，分别取变化周期为 2 s、10 s 和 120 s 的情况进行分析。

4.3.1.1　瞬态计算中时间步长的确定

瞬态分析求解的精度取决于积分时间步长的大小，太大的时间步长会引发较大的整体误差。束流管瞬态温度场和应力场的辐射热负荷函数的时间变量以秒为数量级，取同步辐射的最小周期为 2 s，因此分别在时间步长为 0.25 s 和 1 s 条件

下对束流管瞬态温度场进行计算，以比较不同时间步长下的计算误差。

束流管在一定工况下，即：（1）高次模辐射功率为 $Q_H = 600$ W，均布于束流管内壁；（2）进入中心铍管的冷却油和进入外延铜管的冷却水流量均为 8 L/min，入口温度分别为 291.4 K 和 291.6 K；（3）内铍管筋板与外铍管的接触宽度为 0.8 mm；（4）中心铍管和外延铜管的出口绝对压力为 0.1 MPa；（5）束流管一端固支，一端轴向自由；（6）同步辐射热均布于如图 2.4 所示的 2 mm 宽、1000 mm 长的窄带位置；0~50 s 时，同步辐射热功率 $Q_S = 0$ W；50~105 s 时，Q_S 在 0~150 W 进行周期为 2 s 的阶跃式变化，即 50~51 s 时 $Q_S = 150$ W，51~52 s 时 $Q_S = 0$ W，52~53 s 时 $Q_S = 150$ W，如此循环，至 104~105 s 时 $Q_S = 150$ W。温度场计算结果见表 4.3。

表 4.3 时间步长为 0.25 s 和 1 s 时的温度场计算结果

时间/s	步长 0.25 s 时 最高温度/K	步长 1 s 时 最高温度/K	温度误差/K
5	293.536	293.536	0
20	295.365	295.365	0
35	295.406	295.406	0
50	295.408	295.408	0
65	299.395	298.981	−0.414
80	297.180	297.593	0.413
90	297.180	297.593	0.413
95	299.424	299.011	−0.413
100	297.180	297.593	0.413
105	299.424	299.012	−0.412

在不同时间，采用两种步长计算得到的束流管最高温度位置均相同，最高温度位置的温度差在−0.413~0.414 K 范围内，误差较小。

时间步长越小，精度越高，但在进行长时间的计算时，太小的时间步长将导致计算时间过长并占用太多的电脑资源，因此增大步长，尝试用 4 s 的步长进行束流管的瞬态分析。保持表 4.3 中其他条件不变，使同步辐射热功率在 0~150 W 进行阶跃式变化，每 60 s 变化一次，变化周期为 120 s，即 20~80 s 时 $Q_S = 150$ W，80~140 s 时 $Q_S = 0$ W，依此类推，至 260~320 s 时 $Q_S = 150$ W。计算结果与相同条件下步长为 1 s 的结果进行比较，见表 4.4。

表 4.4　时间步长为 4 s 和 1 s 时的温度场计算结果比较

时间/s	步长 1 s 时 最高温度/K	步长 4 s 时 最高温度/K	误差/K
20	295. 365	295. 363	−0. 002
80	301. 695	301. 836	0. 141
140	295. 409	296. 478	1. 069
200	301. 695	301. 841	0. 146
260	295. 410	296. 521	1. 111
320	301. 695	301. 842	0. 147

由表 4.4 可以看出，时间步长 4 s 和 1 s 的温度计算误差较大，相对误差超过了 1 K，因此，在束流管瞬态温度场和流场的计算中，时间步长选为 1 s 较为合适。

4.3.1.2　同步辐射变化周期为 2 s 时的瞬态应力分析

在进行同步辐射变化周期为 2 s 条件下束流管瞬态温度场和应力场的分析时，计算条件为：（1）高次模辐射功率为 $Q_H = 600$ W，均布于束流管内壁；（2）进入中心铍管的冷却油流量为 $V_o = 8$ L/min，入口温度为 291.4 K；（3）进入外延铜管的冷却水流量为 $V_w = 8$ L/min，均分于左右铜管，入口温度为 291.6 K；（4）内铍管筋板与外铍管的接触宽度为 0.8 mm；（5）根据工程实际运行中的参数，中心铍管和外延铜管的出口绝对压力取为 0.15 MPa；（6）束流管一端固支，一端轴向自由；（7）同步辐射热均布于如图 2.4 所示的 2 mm 宽、1000 mm 长的窄带位置，0~50 s 时，$Q_S = 0$ W，50~600 s 时，同步辐射热功率在 0~150 W 进行阶跃式变化，每 1 s 变化一次，变化周期为 2 s，即 50~51 s 时 $Q_S = 150$ W，51~52 s 时 $Q_S = 0$ W，52~53 s 时 $Q_S = 150$ W，如此循环，至 598~599 s 时 $Q_S = 150$ W，599~600 s 时 $Q_S = 0$ W。称此工作状况为 $T = 2$ s。

随着时间的推移，束流管温度场开始进行稳定的变化，相应地，其应力场也开始进行稳定的变化，本计算同步辐射热功率的最后一个变化周期发生在 598~600 s，根据热平衡原理知，t 为 600 s 时束流管的温度分布差最小，t 为 599 s 时束流管的温度分布差最大，图 4.19 为其温度分布云图。

相应地，t 为 599 和 600 s 时束流管的应力场分布如图 4.20 所示。由于 $t = 599$ s 时束流管的温度分布温差最大，此时束流管的应力强度值最大，$t = 600$ s 时束流管的温度分布温差最小，此时束流管的应力强度值最小。

根据 t 为 599 s 时束流管的应力场得到束流管各零部件的最大应力强度位置的节点编号后，可以从瞬态应力场求解结果中列出最大应力强度节点的应力-时间曲线，同样，在束流管的瞬态温度场求解结果中列出该节点的温度-时间曲线。

图 4.21~图 4.25 为束流管各零部件最大应力强度位置的温度-时间曲线和应力-时间曲线。

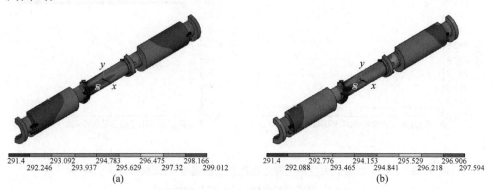

图 4.19　$T=2$ s 时束流管的温度分布云图

（a）$t=599$ s；（b）$t=600$ s

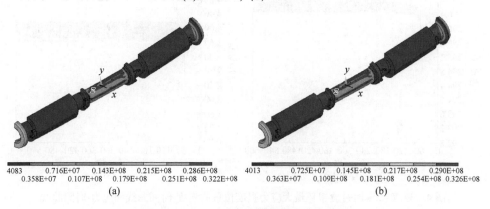

图 4.20　$T=2$ s 时束流管的应力分布云图

（a）$t=599$ s；（b）$t=600$ s

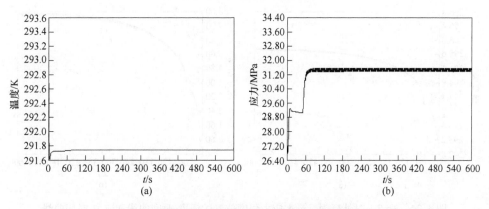

图 4.21　$T=2$ s 时中心铍管最大应力强度位置的温度-时间曲线和应力-时间曲线

（a）温度-时间曲线；（b）应力-时间曲线

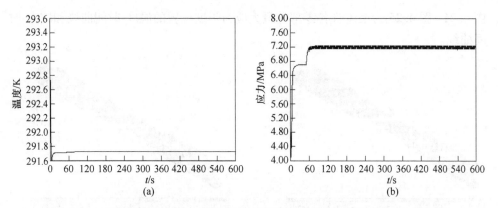

图 4.22　$T=2$ s 时铝放大腔最大应力强度位置的温度-时间曲线和应力-时间曲线

（a）温度-时间曲线；（b）应力-时间曲线

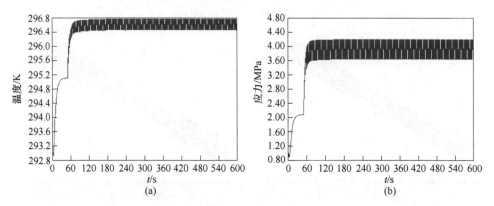

图 4.23　$T=2$ s 时过渡银环最大应力强度位置的温度-时间曲线和应力-时间曲线

（a）温度-时间曲线；（b）应力-时间曲线

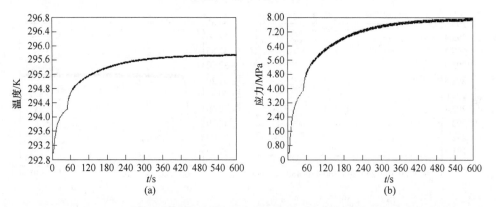

图 4.24　$T=2$ s 时外延铜管最大应力强度位置的温度-时间曲线和应力-时间曲线

（a）温度-时间曲线；（b）应力-时间曲线

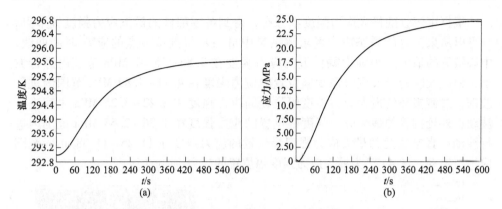

图 4.25　$T=2$ s 时真空法兰最大应力强度位置的温度-时间曲线和应力-时间曲线

(a) 温度-时间曲线；(b) 应力-时间曲线

由图 4.21~图 4.25 可以看出，在 80 s 后，中心铍管、铝放大腔、过渡银环最大应力强度节点的温度开始进行稳定波动，反应在应力-时间曲线上，最大应力强度开始进行稳定波动时，分别在 31.38~31.56 MPa、7.17~7.23 MPa 和 3.61~4.19 MPa 之间进行稳定波动；在 540 s 后，外延铜管和真空法兰的最大应力强度节点的温度开始进行稳定波动时，最大应力强度分别在 7.41~7.96 MPa 和 24.65~24.72 MPa 之间进行稳定波动。

由最大应力强度分析的计算可以知道，在束流管温度场和应力场进行稳定变化时，t 为 599 s 时束流管的应力强度最大，t 为 600 s 时束流管应力强度最小。为了得到束流管的最大应力强度幅，将 t 为 599 s 时的应力场与 t 为 600 s 时的应力场进行相减，得到束流管的最大应力强度幅分布云图如图 4.26 所示。

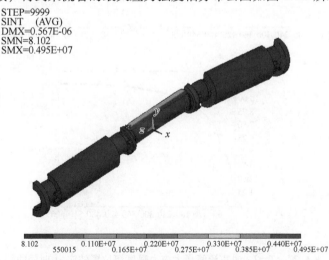

```
STEP=9999
SINT   (AVG)
DMX=0.567E-06
SMN=8.102
SMX=0.495E+07
```

图 4.26　$T=2$ s 时束流管的最大应力强度幅分布云图

根据束流管的最大应力强度幅分布，得到各零部件的最大应力强度幅节点，则可以从束流管的瞬态应力场求解结果中进一步得到该节点的应力-时间曲线。中心铍管的最大应力强度幅位置的应力强度在 9.86~15.07 MPa 范围内进行波动；铝放大腔的最大应力强度幅位置的应力强度在 4.11~4.89 MPa 范围内波动；过渡银环的最大应力强度幅位置的应力强度在 2.22~3.25 MPa 之间进行波动；外延铜管的最大应力强度幅位置的应力强度在 1.76~2.65 MPa 范围内进行波动；真空法兰的最大应力强度幅位置的应力强度在 11.26~11.38 MPa 范围内进行波动。图 4.27 为最大应力强度幅位置的应力-时间曲线。

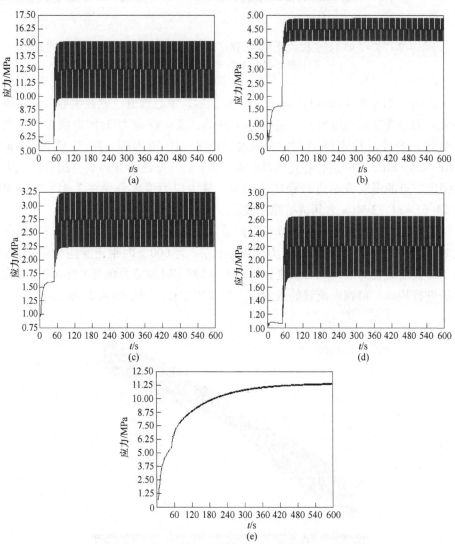

图 4.27　$T=2$ s 时束流管最大应力强度幅位置的应力-时间曲线
(a) 中心铍管；(b) 铝放大腔；(c) 过渡银环；(d) 外延铜管；(e) 真空法兰

4.3.1.3 同步辐射变化周期为 10 s 时的瞬态应力分析

在进行同步辐射变化周期为 10 s 条件下束流管瞬态温度场和应力场的分析时，计算条件为：（1）高次模辐射功率为 $Q_H = 600$ W，均布于束流管内壁；（2）进入中心铍管的冷却油流量为 $V_o = 8$ L/min，入口温度为 291.4 K；（3）进入外延铜管的冷却水流量为 $V_w = 8$ L/min，均分于左右铜管，入口温度为291.6 K；（4）内铍管筋板与外铍管的接触宽度为 0.8 mm；（5）根据工程实际运行中的参数，中心铍管和外延铜管的出口绝对压力取为 0.15 MPa；（6）束流管一端固支，一端轴向自由；（7）同步辐射热均布于如图 2.4 所示的 2 mm 宽、1000 mm 长的窄带位置；0~20 s 时，$Q_S = 0$ W；20~800 s 时，同步辐射热功率在 0~150 W 进行阶跃式变化，每 5 s 变化一次，变化周期为 10 s，即 20~25 s 时 $Q_S = 150$ W，25~30 s 时 $Q_S = 0$ W，30~35 s 时 $Q_S = 150$ W，如此循环，至 790~795 s 时 $Q_S = 150$ W，795~800 s 时 $Q_S = 0$ W。称此工作状况为 $T = 10$ s。

随着时间的推移，束流管温度场开始进行稳定的变化，相应地，其应力场也开始进行稳定的变化，本计算同步辐射热功率的最后一个变化周期发生在 790~800 s，根据热平衡原理知，t 为 795 s 时束流管的温度分布差最大，t 为 800 s 时束流管的温度分布差最小，图 4.28 为其温度分布云图。

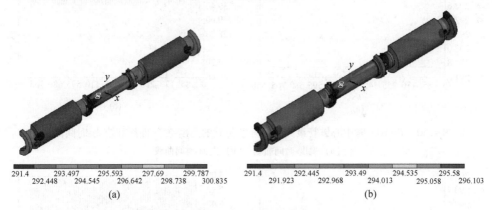

图 4.28 $T = 10$ s 时束流管的温度场分布云图
（a）$t = 795$ s；（b）$t = 800$ s

相应地，t 为 795 s 和 800 s 时束流管的应力场分布云图如图 4.29 所示。由于 t 为 795 s 时束流管的温度分布温差最大，此时束流管的应力强度值最大，t 为 800 s 时束流管的温度分布温差最小，此时束流管的应力强度值最小。

根据 t 为 795 s 时束流管的应力场得到束流管各零部件的最大应力强度位置的节点编号后，可以从瞬态应力场求解结果中列出最大应力强度节点的应力-时间曲线，同样，在束流管的瞬态温度场求解结果中列出该节点的温度-时间曲线。图 4.30~图 4.34 为束流管各零部件最大应力强度位置的温度-时间曲线和应力-时间曲线。

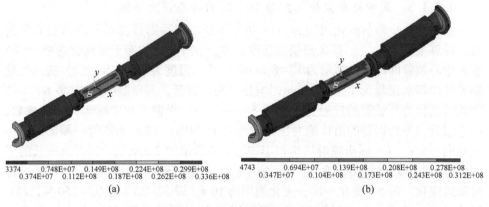

(a)   (b)

图 4.29 $T=10$ s 时束流管的应力分布云图
(a) $t=795$ s；(b) $t=800$ s

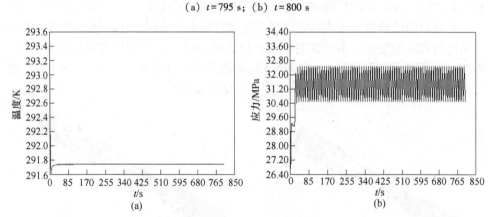

(a)   (b)

图 4.30 $T=10$ s 时中心铍管最大应力强度位置的温度-时间曲线和应力-时间曲线
(a) 温度-时间曲线；(b) 应力-时间曲线

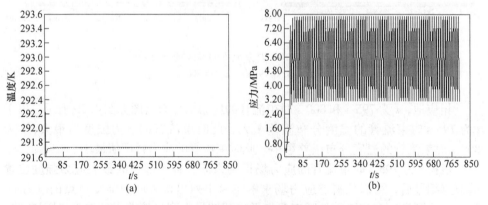

(a)   (b)

图 4.31 $T=10$ s 时铝放大腔最大应力强度位置的温度-时间曲线和应力-时间曲线
(a) 温度-时间曲线；(b) 应力-时间曲线

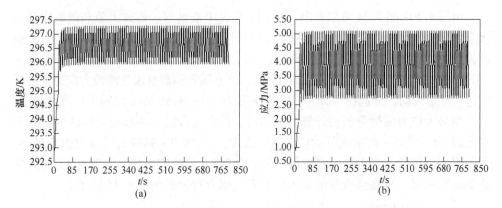

图 4.32　$T=10$ s 时过渡银环最大应力强度位置的温度-时间曲线和应力-时间曲线

（a）温度-时间曲线；（b）应力-时间曲线

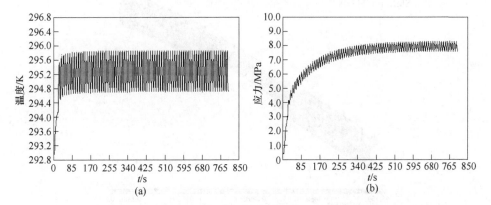

图 4.33　$T=10$ s 时外延铜管最大应力强度位置的温度-时间曲线和应力-时间曲线

（a）温度-时间曲线；（b）应力-时间曲线

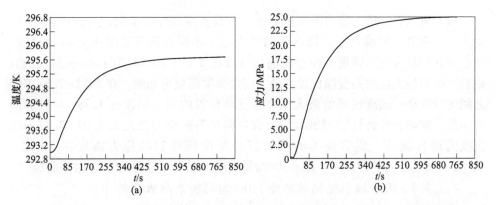

图 4.34　$T=10$ s 时真空法兰最大应力强度位置的温度-时间曲线和应力-时间曲线

（a）温度-时间曲线；（b）应力-时间曲线

　　由图 4.30~图 4.34 可以看出，在 80 s 后，中心铍管、铝放大腔和过渡银环最大应力强度节点的温度开始进行稳定波动，反应在应力-时间曲线上，最大应力强度波动状态稳定时，分别在 30.52 ~ 32.28 MPa、3.12 ~ 7.87 MPa 和 2.72 ~ 5.09 MPa 之间进行稳定波动。在 600 s 后，外延铜管和真空法兰的最大应力强度开始进行稳定波动，分别在 7.58~8.27 MPa 和 24.88~24.96 MPa 之间进行稳定波动。

　　由最大应力强度分析的计算可以知道，在束流管温度场和应力场的变化趋于稳定时，t 为 795 s 时束流管的应力强度最大，t 为 800 s 时束流管应力强度最小。为了得到束流管的最大应力强度幅，将 t 为 795 s 时的应力场与 t 为 800 s 时的应力场进行相减，得到束流管的最大应力强度幅分布云图如图 4.35 所示。

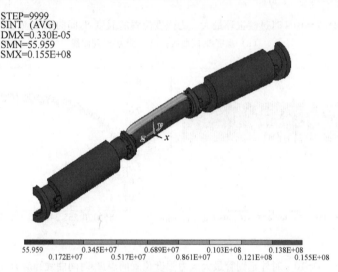

STEP=9999
SINT (AVG)
DMX=0.330E-05
SMN=55.959
SMX=0.155E+08

55.959　　0.345E+07　　0.689E+07　　0.103E+08　　0.138E+08
　　0.172E+07　　0.517E+07　　0.861E+07　　0.121E+08　　0.155E+08

图 4.35　T=10 s 时束流管的最大应力强度幅分布云图

　　根据束流管的最大应力强度幅分布，得到各零部件的最大应力强度幅节点，则可以从束流管的瞬态应力场求解结果中进一步得到该节点的应力-时间曲线。中心铍管的最大应力强度幅位置的应力强度在 5.59~20.13 MPa 之间进行波动；铝放大腔的最大应力强度幅位置与最大应力强度值位置相同，在 3.12~7.87 MPa 之间进行波动；过渡银环的最大应力强度幅位置的应力强度在 1.78~4.18 MPa 之间进行波动；外延铜管的最大应力强度幅位置的应力强度在 1.04~3.87 MPa 范围内进行波动；真空法兰的最大应力强度幅位置的应力强度在 10.92~11.83 MPa 范围内进行波动。图 4.36 为最大应力强度幅位置的应力-时间曲线。

　　4.3.1.4　同步辐射变化周期为 120 s 时的瞬态应力分析

　　在进行同步辐射变化周期为 120 s 条件下束流管瞬态温度场和应力场的分析时，计算条件为：（1）高次模辐射功率为 Q_H = 600 W，均布于束流管内壁；（2）进入中心铍管的冷却油流量为 V_o = 8 L/min，入口温度为 291.4 K；（3）进

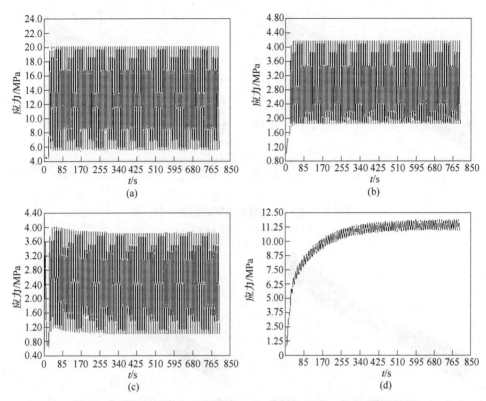

图 4.36 $T=10$ s 时束流管最大应力强度幅位置的应力-时间曲线

（a）中心铍管；（b）过渡银环；（c）外延铜管；（d）真空法兰

入外延铜管的冷却水流量为 $V_w = 8$ L/min，均分于左右铜管，入口温度为 291.6 K；（4）内铍管筋板与外铍管的接触宽度为 0.8 mm；（5）根据工程实际运行中的参数，中心铍管和外延铜管的出口绝对压力取为 0.15 MPa；（6）束流管一端固支，一端轴向自由；（7）同步辐射热均布于如图 2.4 所示的 2 mm 宽、1000 mm 长的窄带位置；$0\sim20$ s 时，同步辐射热功率 $Q_s = 0$ W；$20\sim800$ s 时，Q_s 在 $0\sim150$ W 进行阶跃式变化，每 60 s 变化一次，变化周期为 120 s，即 $20\sim80$ s 时 $Q_s = 150$ W，$80\sim140$ s 时 $Q_s = 0$ W，$140\sim200$ s 时 $Q_s = 150$ W，如此循环，至 $680\sim740$ s 时 $Q_s = 0$ W，$740\sim800$ s 时 $Q_s = 750$ W。称此工作状况为 $T = 120$ s。

随着时间的推移，束流管温度场开始进行稳定的变化，相应地，其应力场也开始进行稳定的变化，本计算同步辐射热功率的最后一个变化周期发生在 $680\sim800$ s，根据热平衡原理知，t 为 740 s 时束流管的温度分布差最小，800 s 时束流管的温度分布差最大，图 4.37 为其温度分布云图。

相应地，t 为 740 s 和 800 s 时束流管的应力场分布云图如图 4.38 所示。由于 t 为 800 s 时束流管的温度分布温差最大，此时束流管的应力强度值最大，t 为

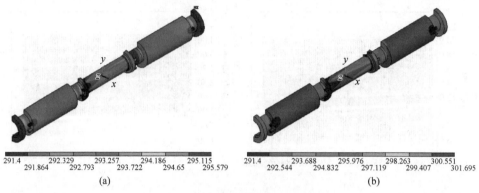

图 4.37　$T=120$ s 时束流管的温度分布云图

（a）$t=740$ s；（b）$t=800$ s

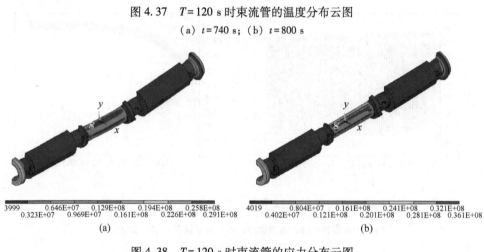

图 4.38　$T=120$ s 时束流管的应力分布云图

（a）$t=740$ s；（b）$t=800$ s

740 s 时束流管的温度分布温差最小，此时束流管的应力强度值最小。

　　根据 t 为 800 s 时束流管的应力场得到束流管各零部件的最大应力强度位置的节点号后，可以从瞬态应力场求解结果中列出最大应力强度节点的应力-时间曲线，同样，在束流管的瞬态温度场求解结果中列出该节点的温度-时间曲线。图 4.39～图 4.43 为束流管各零部件最大应力强度位置的温度-时间曲线和应力-时间曲线。

　　由图 4.39～图 4.43 可以看出，在 80 s 后，中心铍管、铝放大腔和过渡银环最大应力强度节点的温度开始进行稳定波动，反应在应力-时间曲线上，最大应力强度开始进行稳定波动时，分别在 29.12～34.02 MPa、6.72～7.68 MPa 和 1.92～5.79 MPa 之间进行稳定波动，在 540 s 后，外延铜管和真空法兰最大应力强度开始进行稳定波动，分别在 6.78～9.06 MPa、23.65～26.25 MPa 之间进行稳定波动。

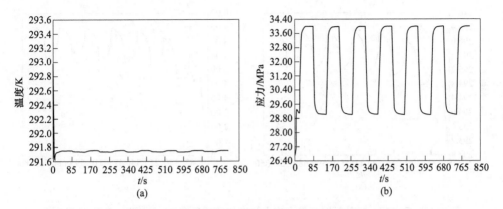

图 4.39 T = 120 s 时中心铍管最大应力强度位置的温度-时间曲线和应力-时间曲线

（a）温度-时间曲线；（b）应力-时间曲线

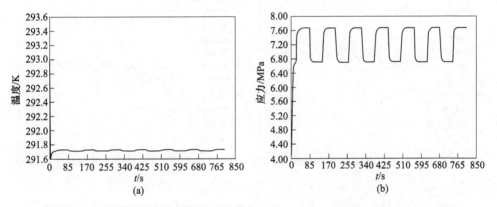

图 4.40 T = 120 s 时铝放大腔最大应力强度位置的温度-时间曲线和应力-时间曲线

（a）温度-时间曲线；（b）应力-时间曲线

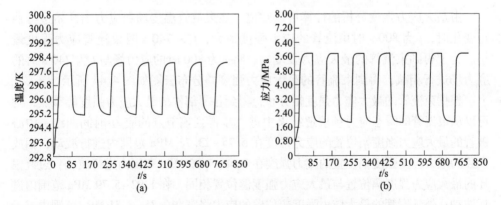

图 4.41 T = 120 s 时过渡银环最大应力强度位置的温度-时间曲线和应力-时间曲线

（a）温度-时间曲线；（b）应力-时间曲线

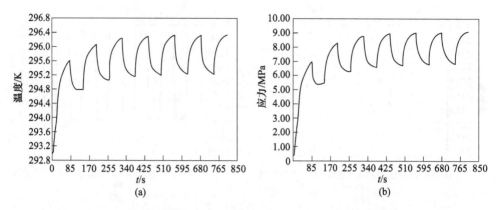

图 4.42　$T = 120$ s 时外延铜管最大应力强度位置的温度-时间曲线和应力-时间曲线

（a）温度-时间曲线；（b）应力-时间曲线

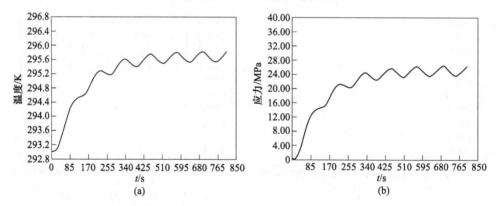

图 4.43　$T = 120$ s 时真空法兰最大应力强度位置的温度-时间曲线和应力-时间曲线

（a）温度-时间曲线；（b）应力-时间曲线

　　由最大应力强度分析的计算可以知道，在束流管温度场和应力场开始进行稳定变化时，t 为 800 s 时束流管的应力强度最大，t 为 740 s 时束流管应力强度最小。为了得到束流管的最大应力强度幅，将 t 为 800 时的应力场与 t 为 740 s 时的应力场进行相减，得到束流管的最大应力强度幅分布云图如图 4.44 所示。

　　根据束流管的最大应力强度幅分布，得到各零部件的最大应力强度幅节点，则可以从束流管的瞬态应力场求解结果中进一步得到该节点的应力-时间曲线。中心铍管的最大应力强度幅位置的应力强度在 5.75~23.72 MPa 范围内进行波动；铝放大腔的最大应力强度幅位置的应力强度在 1.68~7.32 MPa 范围内进行波动；过渡银环的最大应力强度幅位置与最大应力强度值位置相同，在 1.92~5.79 MPa 范围内进行波动；外延铜管的最大应力强度幅位置的应力强度在 2.35~8.31 MPa 范围内进行波动；法兰的最大应力强度幅位置的应力强度在 9.76~13.09 MPa 范围内进行波动。图 4.45 为最大应力强度幅位置的应力强度-时间曲线。

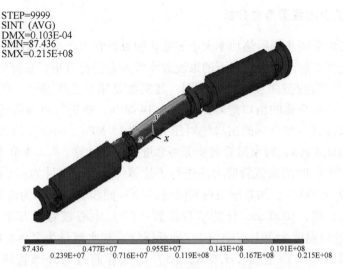

STEP=9999
SINT (AVG)
DMX=0.103E-04
SMN=87.436
SMX=0.215E+08

87.436	0.477E+07	0.955E+07	0.143E+08	0.191E+08
0.239E+07	0.716E+07	0.119E+08	0.167E+08	0.215E+08

图 4.44　T=120 s 时束流管的最大应力强度幅分布云图

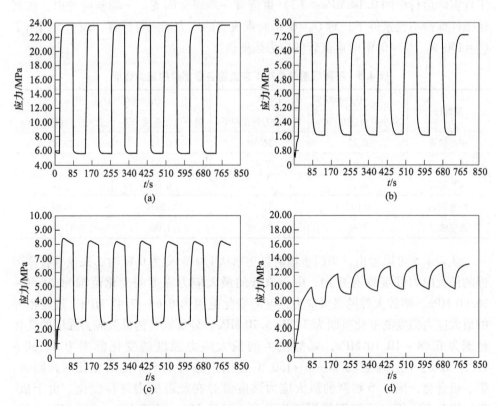

图 4.45　T=120 s 时束流管最大应力强度幅位置的应力-时间曲线
（a）中心铍管；（b）铝放大腔；（c）外延铜管；（d）真空法兰

4.3.2　束流管的疲劳寿命分析

束流管内壁同步辐射热功率大小的变化使束流管内产生交变辐射热应力，因此需要对交变辐射热应力作用下的束流管疲劳寿命进行分析，在分析过程中，采用应力强度作为疲劳强度校核的准则，其实质是第三强度理论。工程实际运行中，束流管冷却介质的出口绝对压力为 0.14 MPa，在进行束流管的疲劳寿命分析时，取束流管冷却介质的出口绝对压力为 0.15 MPa，内铍管筋板与外铍管的接触宽度为 0.8 mm，对束流管的疲劳寿命进行保守计算。4.2.4 节中对同步辐射功率 $Q_S = 150$ W 时的束流管应力场进行了计算，其工作条件为：（1）高次模辐射功率为 $Q_H = 600$ W，均布于束流管内壁；（2）同步辐射功率为均布于如图 2.4 所示的 2 mm 宽、1000 mm 长的窄带位置；（3）中心铍管冷却油流量为 $V_o =$ 8 L/min，进口温度为 291.4 K；（4）外延铜管冷却水流量为 $V_w = 8$ L/min，均分于左右铜管，进口温度为 291.6 K；（5）内铍管筋板与外铍管的接触宽度为 0.8 mm；（6）中心铍管和外延铜管的出口绝对压力为 0.15 MPa，此压力略大于工程实际运行中的 0.14 MPa；（7）束流管一端完全固支，一端轴向自由。在其他条件保持不变条件下，对 $Q_S = 0$ W 时束流管的应力场进行计算，表 4.5 列出了 $Q_S = 150$ W、$Q_S = 0$ W 时束流管的应力强度值。

表 4.5　不同辐射热负荷下束流管各零部件的应力强度

零部件	$Q_H = 600$ W；$Q_S = 150$ W		$Q_H = 600$ W；$Q_S = 0$ W	
	最小应力强度/MPa	最大应力强度/MPa	最小应力强度/MPa	最大应力强度/MPa
中心铍管	0.22	36.90	0.11	29.30
铝放大腔	0.31	7.47	0.02	6.64
过渡银环	0.11	5.70	0.09	3.27
外延铜管	0.025	10.10	0.0041	6.64
真空法兰	1.46	26.38	1.06	17.60

从表 4.5 可以看出，当同步辐射热功率从 150 W 变为 0 W 时，束流管各零部件的最大应力强度均有变化。中心铍管的最大应力强度的变化范围为 29.30 ~ 36.90 MPa，铝放大腔的最大应力强度的变化范围为 6.64 ~ 7.47 MPa，过渡银环的最大应力强度的变化范围为 3.27 ~ 5.70 MPa，外延铜管的最大应力强度的变化范围为 6.64 ~ 10.10 MPa，真空法兰的最大应力强度的变化范围为 17.60 ~ 26.38 MPa。同步辐射功率在 0 ~ 150 W 范围内进行周期不同的变化时，则铍、铝、银合金、铜、不锈钢的最大应力强度值必在此范围内进行变化。由于铍、铝、银合金、铜、不锈钢屈服强度分别为 240 MPa、205 MPa、360 MPa、300 MPa 和 380 MPa，各材料的最大应力强度均小于其屈服强度，因此在对束流管零

部件进行疲劳研究时，主要研究参数为应力，其疲劳类型为应力疲劳，同时也属于结构疲劳、多轴疲劳、变幅疲劳和热疲劳。

在进行材料的应力疲劳分析时，描绘材料疲劳性能的基本 S-N 曲线是进行材料疲劳分析的依据，应当由 $R = -1$ 的对称循环疲劳实验给出，或查有关手册得到，在缺乏实验结果时，可依据材料极限强度 S_u 对 S-N 曲线进行简单估计。

对于高强脆性材料，极限强度 S_u 取为极限抗拉强度，对于延性材料，S_u 取为屈服强度。一般常用金属材料，$R = -1$ 时，疲劳极限 S_f 与极限强度 S_u 有下列经验关系：（1）旋转弯曲载荷作用下：当 $S_u < 1400$ MPa 时，$S_{f(bending)} = 0.5 S_u$；当 $S_u > 1400$ MPa 时，$S_{f(bending)} = 700$ MPa。不同材料旋转弯曲疲劳实验的结果表明，$S_{f(bending)}$ 在 $(0.3 \sim 0.6) S_u$ 之间。（2）轴向拉压载荷作用下：$S_{f(tension)} = 0.7 S_{f(bending)} = 0.35 S_u$，不同材料的实验结果表明，$S_{f(tension)}$ 在 $(0.3 \sim 0.45) S_u$ 之间。（3）对称扭转载荷作用下：$S_{f(torsion)} = 0.577 S_{f(bending)} = 0.29 S_u$，实验结果表明，$S_{f(torsion)}$ 大多在 $(0.25 \sim 0.3) S_u$ 之间。

若疲劳极限 S_f 和材料极限强度 S_u 为已知，S-N 曲线可用下述方法作偏于保守的估计。S-N 曲线用双对数线性关系的幂函数形式表达，即：

$$S^m \cdot N = C \tag{4.28}$$

式中，m 与 C 为与材料、应力比、加载方式等有关的参数。

寿命 $N = 1$ 时，$S_1 = S_u$，即单调载荷作用下，试件在极限强度下破坏或屈服。考虑到 S-N 曲线描述的是长寿命疲劳，不宜用于 $N < 10^3$ 以下，故通常假定寿命 $N = 10^3$ 时，有 $S_{10^3} = 0.9 S_u$。对于金属材料，疲劳极限 S_f 所对应的循环次数一般为 $N = 10^7$ 次，考虑到估计 S_f 时的误差，作偏于保守的假定，即 $N = 10^6$ 时，$S_{10^6} = S_f = k S_u$，反映不同载荷作用形式的系数 k 按照前述各式选取，即弯曲时 k 取 0.5，拉压时 k 取 0.35，扭转时 k 取 0.29。则由式（4.28）可写出 $C = (0.9 S_u)^m \times 10^3 = (k S_u)^m \times 10^6$，进一步求得 $m = 3 / \lg(0.9 / k)$，$C = (0.9 S_u)^m \times 10^3$。在 k 和 S_u 已知的条件下，可以得到 S-N 曲线，以进一步进行材料的疲劳寿命计算。如此估计的 S-N 曲线，原则上只用于寿命为 $10^3 \sim 10^6$ 之间的疲劳强度估算，不宜外推，但由于束流管所涉及的材料特殊，相关的疲劳特性资料很少，因此，我们只能依托此公式对束流管的寿命进行估算。

在 4.3.1 节中，已经计算出束流管各种材料的最大应力强度值波动范围和具有最大应力强度幅位置的应力强度波动范围，由于应力幅 S_a 是影响疲劳的决定因素，平均应力 S_m 是影响疲劳强度的次要因素，因此我们分别根据材料的最大应力强度值和最大应力强度幅值进行束流管的疲劳分析。在室温下，对我国生产的铍材力学性能进行测量，测得 $\sigma_{0.2} = 390 \sim 460$ MPa，$\sigma_b = 450 \sim 500$ MPa，铍为脆性材料，结合表 2.1 中铍的物理特性，取其极限强度 S_u 为抗拉强度 370 MPa，对铍管寿命进行保守计算；防锈铝、银、无氧铜、不锈钢等均为延性材料，故其极限强度 S_u 均取屈服强度，分别为 205 MPa、360 MPa、300 MPa、380 MPa。

4.3.2.1　同步辐射变化周期为 2 s 时的疲劳寿命分析

在 $T = 2$ s 工况下，束流管应力场进行一次周期性变化的时间为 2 s，10 年的变化次数为 1.58×10^8，下面对中心铍管、铝放大腔、过渡银环、外延铜管和真空法兰的寿命进行分析。

由 4.3.1.2 节计算可知，$T = 2$ s 工况下，铍的最大应力强度值在 31.38 ~ 31.56 MPa 范围内进行波动，即 $S_{max} = 31.56$ MPa，$S_{min} = 31.38$ MPa，铍的极限强度为 $S_u = 370$ MPa。下面根据铍最大应力强度值对铍管的疲劳寿命进行估算。

（1）确定工作循环应力幅和平均应力：

$$S_a = (S_{max} - S_{min})/2 = (31.56 - 31.38)/2 = 0.09 \text{ MPa}$$
$$S_m = (S_{max} + S_{min})/2 = (31.56 + 31.38)/2 = 31.47 \text{ MPa}$$

（2）估计对称循环下的基本 S-N 曲线。束流管在工作过程中，由于重力的存在和辐射热负荷分布的不均匀，束流管承受轴向拉压载荷和弯曲载荷，在寿命计算中，载荷按照轴向拉压载荷进行保守计算。在轴向拉压载荷作用下的疲劳极限可估计为 $S_{f(tension)} = kS_u = 0.35S_u$，根据式（4.28），对于铍来说：$S_{f(tension)} = 0.35S_u = 0.35 \times 370 = 129.50$ MPa；$m = 3/\lg(0.9/k) = 7.314$；$C = (0.9S_u)^m \times 10^3 = (0.9 \times 370)^{7.314} \times 10^3 = 2.81 \times 10^{21}$。

（3）循环应力水平等寿命转换。为了利用基本 S-N 曲线估计疲劳寿命，需要将实际工作循环应力水平等寿命转换为对称循环（$R = -1$，$S_m = 0$）下的应力水平 $S_{a(R=-1)}$。Goodman 方程列出了实际工作循环应力水平与对称循环下的应力水平之间的转换关系，即 $(S_a/S_{a(R=-1)}) + (S_m/S_u) = 1$，由 $S_a = 0.09$ MPa、$S_m = 31.47$ MPa 和 $S_u = 370$ MPa，有 $S_{a(R=-1)} = 0.10$ MPa。

（4）估计构件寿命。对称循环（$S_{a(R=-1)} = 0.10$ MPa，$S_m = 0$）条件下的寿命，可由基本 S-N 曲线式（4.28）得到，即 $N = C/S^m = 2.81 \times 10^{21}/0.098^{7.314} = 6.54 \times 10^{28}$ 次。由于工作循环应力水平（$S_a = 0.09$ MPa，$S_m = 31.47$ MPa）与转换后的对称循环水平（$S_{a(R=-1)} = 0.10$ MPa，$S_m = 0$）是等寿命的，故可估计铍管寿命为 $N = 6.54 \times 10^{28}$ 次。

中心铍管最大应力强度幅值位置的应力强度范围为 9.86 ~ 15.07 MPa，同理，其工作循环应力水平（$S_a = 2.61$ MPa，$S_m = 12.47$ MPa）与转换后的对称循环应力水平（$S_{a(R=-1)} = 2.70$ MPa，$S_m = 0$）是等寿命的，可以得到中心铍管寿命为 $N = 1.99 \times 10^{17}$ 次。

同理，根据铝放大腔、过渡银环、外延铜管及真空法兰的最大应力强度位置和最大应力强度幅位置的应力变化范围，对同步辐射变化周期为 2 s 时束流管各个零部件的寿命进行计算，列于表 4.6。

表 4.6 同步辐射变化周期为 2 s 时束流管的寿命计算

零件	交变应力		实际应力水平 /MPa	对称循环应力幅 $S_{a(R=-1)}$/MPa	寿命/次
	位置	范围/MPa			
中心铍管	最大应力强度位置	31.38～31.56	$S_a=0.09$, $S_m=31.47$	0.10	6.54×10^{28}
	最大应力强度幅位置	9.86～15.07	$S_a=2.61$, $S_m=12.47$	2.70	1.99×10^{18}
铝放大腔	最大应力强度位置	7.17～7.23	$S_a=0.03$, $S_m=7.20$	0.03	3.97×10^{30}
	最大应力强度幅位置	4.11～4.89	$S_a=0.39$, $S_m=4.50$	0.40	3.12×10^{22}
过渡银环	最大应力强度位置	3.61～4.19	$S_a=0.29$, $S_m=3.90$	0.29	1.82×10^{25}
	最大应力强度幅位置	2.22～3.25	$S_a=0.52$, $S_m=2.74$	0.52	2.79×10^{23}
外延铜管	最大应力强度位置	7.41～7.96	$S_a=0.28$, $S_m=7.69$	0.28	6.33×10^{24}
	最大应力强度幅位置	1.76～2.65	$S_a=0.45$, $S_m=2.21$	0.45	2.15×10^{23}
真空法兰	最大应力强度位置	24.65～24.72	$S_a=0.04$, $S_m=24.69$	0.04	9.32×10^{31}
	最大应力强度幅位置	11.26～11.38	$S_a=0.06$, $S_m=11.32$	0.06	2.37×10^{30}

由表 4.6 可以看出，同步辐射热功率变化周期为 2 s 时，束流管各个零部件的寿命最小为 1.99×10^{18} 次，远远高于实际使用中的 1.58×10^{8} 次，束流管处于高度安全状态。

4.3.2.2 同步辐射变化周期为 10 s 时的疲劳寿命分析

当同步辐射热功率的变化周期为 10 s 时，束流管应力场 10 年的变化次数为 3.15×10^{7} 次。4.3.1.3 节计算出了 $T=10$ s 工况下束流管各个零部件的瞬态应力，同理，根据最大应力强度位置和最大应力强度幅位置的应力强度变化范围，对中心铍管、铝放大腔、过渡银环、外延铜管和真空法兰的寿命进行计算，列于表 4.7。

表 4.7　同步辐射变化周期为 10 s 时束流管的寿命计算

零件	交变应力		实际应力水平 /MPa	对称循环应力幅 $S_{a(R=-1)}$/MPa	寿命/次
	位置	范围/MPa			
中心铍管	最大应力强度位置	30.28~32.28	$S_a = 0.88$, $S_m = 31.40$	0.96	3.75×10^{21}
	最大应力强度幅位置	5.59~20.13	$S_a = 7.27$, $S_m = 12.86$	7.53	1.09×10^{15}
铝放大腔	最大应力强度和应力强度幅位置	3.12~7.87	$S_a = 2.38$, $S_m = 5.50$	2.44	5.49×10^{16}
过渡银环	最大应力强度位置	2.72~5.09	$S_a = 1.19$, $S_m = 3.91$	1.18	6.14×10^{20}
	最大应力强度幅位置	1.78~4.18	$S_a = 1.20$, $S_m = 2.98$	1.21	5.71×10^{20}
外延铜管	最大应力强度位置	7.58~8.27	$S_a = 0.35$, $S_m = 7.93$	0.35	1.20×10^{24}
	最大应力强度幅位置	1.04~3.87	$S_a = 1.42$, $S_m = 2.46$	1.43	4.51×10^{19}
真空法兰	最大应力强度位置	24.88~24.96	$S_a = 0.04$, $S_m = 24.92$	0.04	3.49×10^{31}
	最大应力强度幅位置	10.92~11.83	$S_a = 0.46$, $S_m = 11.38$	0.47	8.68×10^{23}

计算结果表明，同步辐射热功率变化周期为 10 s 时，束流管各个零部件的寿命最小为 1.09×10^{15} 次，远远高于实际使用中的 3.15×10^7 次，束流管处于高度安全状态。

4.3.2.3　同步辐射变化周期为 120 s 时的疲劳寿命分析

当同步辐射热功率的变化周期为 120 s 时，束流管应力场 10 年的变化次数为 2.63×10^6 次。4.3.1.4 节计算出了 $T = 120$ s 工况下束流管各个零部件的瞬态应力，同理，根据最大应力强度位置和最大应力强度幅位置的应力强度变化范围，对中心铍管、铝放大腔、过渡银环、外延铜管和真空法兰的寿命进行计算，列于表 4.8。

表 4.8 同步辐射变化周期为 120 s 时束流管的寿命计算

零件	交变应力		实际应力水平 /MPa	对称循环应力幅 $S_{a(R=-1)}$/MPa	寿命/次
	位置	范围/MPa			
中心铍管	最大应力强度位置	29.12~34.02	$S_a=2.45$, $S_m=31.57$	2.68	2.09×10^{18}
	最大应力强度幅位置	5.75~23.72	$S_a=8.99$, $S_m=14.74$	9.36	2.22×10^{14}
铝放大腔	最大应力强度位置	6.72~7.68	$S_a=0.48$, $S_m=7.20$	0.50	6.18×10^{21}
	最大应力强度幅位置	1.68~7.32	$S_a=2.82$, $S_m=4.50$	2.88	1.62×10^{16}
过渡银环	最大应力强度和应力强度幅位置	1.92~5.79	$S_a=1.94$, $S_m=3.86$	1.96	1.70×10^{19}
外延铜管	最大应力强度位置	6.78~9.06	$S_a=1.14$, $S_m=7.92$	1.17	1.91×10^{20}
	最大应力强度幅位置	2.35~8.31	$S_a=2.98$, $S_m=5.33$	3.03	1.81×10^{17}
真空法兰	最大应力强度位置	23.65~26.25	$S_a=1.30$, $S_m=24.95$	1.39	3.05×10^{20}
	最大应力强度幅位置	9.76~13.09	$S_a=1.67$, $S_m=11.43$	1.71	6.57×10^{19}

计算结果表明，同步辐射热功率变化周期为 120 s 时，束流管各个零部件的寿命最小为 2.22×10^{14} 次，远远高于实际使用中的 2.63×10^6 次，束流管处于高度安全状态。

从表 4.6~表 4.8 可以看出，随着同步辐射热功率变化周期的变小，束流管各零部件最大应力强度位置和最大应力强度幅位置的应力强度波动范围越来越小，束流管的寿命越来越大，因此，当同步辐射热功率的变化频率小于 2 s 时，束流管的寿命大于 1.99×10^{18} 次，也就是 10 年内，允许同步辐射热功率的变化周期最小为 1.58×10^{-10} s（即 $10\times365\times24\times3600/(1.99\times10^{18})$）。

当同步辐射功率的变化周期大于 120 s，10 年内束流管应力循环次数小于 2.63×10^6 次。根据表 4.5 的计算结果，当同步辐射功率的变化周期大于 120 s，中心铍管、铝放大腔、过渡银环、外延铜管和真空法兰应力强度的最大变化范围不超出 0.11~36.90 MPa、0.02~7.47 MPa、0.09~5.70 MPa、0.004~

10.10 MPa、1.06～26.38 MPa，对应各个零部件的寿命分别为 1.09×10^{12} 次、2.18×10^{15} 次、1.15×10^{18} 次、3.86×10^{15} 次和 2.26×10^{13} 次，远远高于 2.63×10^6 次，束流管仍处于高度安全状态。

本章基于束流管有限元模型，研究了多种因素对束流管应力场的影响并提出了相应的措施，且对交变辐射热负荷下束流管的瞬态温度场和应力场进行了分析，得出了如下主要结论：

（1）对四种不同约束条件下的束流管应力场进行计算分析，当束流管一端完全固支，一端轴向自由时，束流管的应力最小，此时束流管最为安全，这种约束方式成为束流管的最终约束方式。

（2）随着冷却介质温度的升高，束流管各个零部件的最大应力均有不同程度的升高，因此在满足漂移室对束流管外壁温度要求的前提下，应尽量降低束流管冷却介质的进口温度。

（3）束流管外壁温度和最大应力随束流管冷却介质流量的升高而降低，当流量达到一定程度时，进一步提高流量对降低束流管外壁温度和束流管应力的贡献很小，却使真空管道的外压增大。因此，束流管中冷却介质流量的最佳值取为 8 L/min。

（4）随着冷却介质出口压力的增大，过渡银环和真空法兰的最大应力基本没有变化，外延铜管和铝放大腔的最大应力呈上升趋势，中心铍管的最大应力的上升趋势最为明显。为了避免发生真空失稳，中心铍管冷却介质的工作绝对压力要小于 0.40 MPa，此时束流管的整体安全系数为 1.94。

（5）内铍管筋板宽度的变大使筋板本身的应力呈下降趋势，对筋板外的其他部位应力没有明显影响，使外铍管的外壁温度呈上升趋势，因此在铍管筋板的设计中，将筋板宽度设计为底端较宽，为 0.8 mm，但其顶端与外铍管接触宽度要尽量小，以降低筋板本身的应力和外铍管的外壁温度。

（6）在其他条件不变的条件下，中心管材料热导率的变大使束流管的最大应力下降，使束流管外壁温度略有降低，因此在进行束流管中心管材料选择时，在兼顾物理实验要求的小物质量的同时，要尽量选择热导率高的材料，这也是铍成为中心管最佳选择材料的原因。

（7）在其他条件不变的条件下，外延管材料热导率的增大使束流管各零部件的最大应力变小，使束流管外壁温度下降，因此在兼顾物理实验要求非探测区材料大物质量的同时，必须考虑材料具有良好的导热性能，这也是铜成为非探测区材料的主要原因。

（8）在其他条件不变的条件下，非冷却段过渡银环材料热导率的变大使多数零部件的最大应力变小，使过渡银环本身的外壁面温度下降明显，因此中心铍管和外延铜管之间非冷却段材料必须具有较高的热导率，以降低束流管的外壁面温度和各零部件的最大应力值，这使得银镁镍合金成为过渡环非冷却段的最佳选择材料。

（9）选取同步辐射热负荷的变化周期为 2 s、10 s 和 120 s，对束流管的瞬态温度场和应力场进行计算得到各零部件的交变应力波动范围，并据此计算束流管的疲劳寿命，三种条件下束流管的疲劳寿命均远远高于实际使用寿命。

看彩图

5 辐照作用下铍冲刷腐蚀性能及力学性能

在束流管 10 年的运行时间内，中心铍管在受到冷却介质 1 号电火花加工油流体冲刷腐蚀的同时，会受到粒子对撞产生的同步辐射光和 γ 射线辐照，对于束流管这种薄壁筒来说，任何微小腐蚀都有可能影响其安全性能，严重的腐蚀可能会使束流管焊缝遭受破坏，从而影响整个束流管乃至 BEPCⅡ 的正常运行。为了确保工程运行的可靠性，必须对辐照作用下铍在动态 1 号电火花加工油流体中的冲刷腐蚀性能和力学性能变化进行深入详细的研究。

5.1 冲刷腐蚀方案和试验台的研制

5.1.1 试验方案设计

为确保铍试件试验环境与束流管在 BEPCⅡ 中工作环境的一致性，并根据国家标准《金属材料实验室均匀腐蚀全浸试验方法》（JB/T 7901—1999）设计试验方案，采用管流式冲刷腐蚀试验台进行冲刷腐蚀，试验温度控制在 45 ℃，腐蚀介质流速控制在 0.8 m/s，冲刷周期为 1440 h。腐蚀介质采用由东莞市晶索润滑科技有限公司生产的 1 号电火花加工油，性能参数如表 5.1 所示，同时分别采用石油化工科学研究院的 SH/T 0253—1992 方法和 RIPP 分析法检测其 S、Cl 及 P 含量，S 和 Cl 二者含量均小于 5 mg/kg，P 含量小于 1 mg/kg。试验过程中均不更换腐蚀介质[58]。

表 5.1 1 号电火花加工油性能参数

性能项目	性能参数	性能项目	性能参数
颜色	无色	铜片腐蚀	1A
密度（15 ℃）/kg·L^{-1}	0.83	芳烃含量/%	$20×10^{-4}$
运动黏度（40 ℃）/cSt	4.5	苯含量/%	0
闪点/℃	130	硫含量/%	$<10×10^{-4}$

5.1.2 试验台的研制

为了顺利开展试验，设计研制了管流式冲刷腐蚀试验台。试验台主要由四个部分组成：管流循环系统、温度控制系统、流量控制系统及试件安装管道（实验区)。单元式冲刷腐蚀试验台原理示意图如图 5.1 所示。冲刷腐蚀试验台工作原理为：油箱中腐蚀介质通过油箱出口到达定流量离心泵，而后分为两路，一路经过节流阀 1 流回油箱，另一路通过节流阀 2 经过实验管道和流量计流回油箱，通过流量计可以读出经过实验管道的流量，通过节流阀 1、2 调节两管路的流量比例，控制实验管路中的流速达到 0.8 m/s，通过恒温加热器使得介质温度稳定在 45 ℃。在实验管路中，为保证试件在稳定流场中受到冲刷，试件安装区前后均设有一段长直的过渡段。

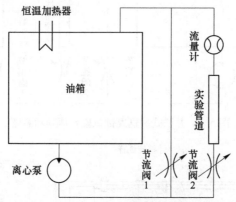

图 5.1 单元式冲刷腐蚀试验台原理示意图

试件安装管道中试件安装方式如图 5.2 所示。试件安装在上下支撑橡胶卡槽中，上下支撑橡胶装夹在上下固定板之间，上下固定板通过焊接固定在上盖板和下底板上，通过预紧螺栓预紧力、密封垫片可以将试件垂直安装在实验管到中心线上，试件处于管道截面中心流线处，与腐蚀介质流动方向平行，因此受力情况与 BEPC Ⅱ 中的铍束流管受剪切冲刷力作用相一致。

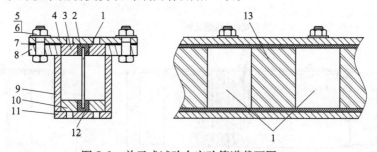

图 5.2 单元式试验台实验管道截面图

1—铍试件；2—上支撑橡胶；3—上固定板；4—上盖板；5,6—预紧螺栓；7—密封垫片；
8—法兰；9—侧板；10—下固定板；11—下底板；12—下支撑橡胶；13—试件隔板

由于准备用作力学性能测试的拉伸试件与压缩试件长度不同，采用了并联式试验台设计，每台试验台有两条尺寸不同的实验管道并联分别预备给各组的拉伸试件与压缩试件。并联式冲刷腐蚀试验台原理示意图和实验管道截面图分别如图 5.3 和图 5.4 所示。

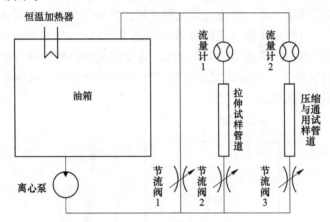

图 5.3　并联式冲刷腐蚀试验台原理示意图

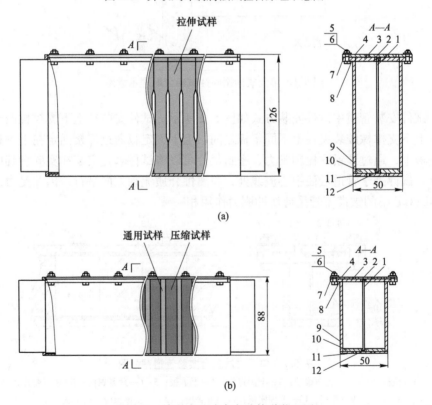

图 5.4　并联式试验台实验管道截面图

（a）拉伸试件管道；（b）通用和压缩试件管道

1—铍试件；2，12—支撑橡胶；3，10—底板；4，11—封盖；5，6—螺栓；7—垫片；8—法兰；9—侧板

根据流量、压力需求和经济考虑，管流循环系统选用 25FB-8 型离心泵；根据换算得到 1 号电火花加工油的流量在浮子流量计中的示值和外接管路管道直径，流量控制系统选用量程为 30 LPM、两端接口直径为 25 mm 的浮子流量计；根据环境温度、油箱散热条件等情况，温度控制系统选用功率 300 W 的加热器和 XMTD-2002 型温度控制器[59,60]。

根据设计方案完成了管流式冲刷腐蚀试验台的研制，单元式试验台和并联式试验台实物图分别如图 5.5 和图 5.6 所示。冲刷腐蚀试验进行期间试验台中各设备运转良好，满足设计预期，保障了冲刷腐蚀试验的顺利进行。

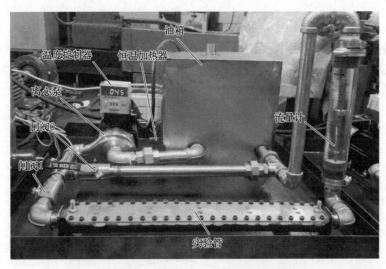

图 5.5　单元式管流式冲刷腐蚀试验台实物图

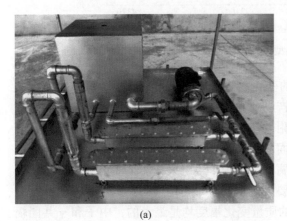

(a)

(b)

图 5.6　并联式管流式冲刷腐蚀试验台实物图

（a）试验台；（b）试验台叠放

5.2　辐照作用下铍冲刷腐蚀性能

5.2.1　试件质量变化

在每个冲刷周期结束后对试件进行称重，仪器选用德国赛多利斯公司生产的Sartorius BP221S 型电子天平，对每个铍试件进行 6 次测量，采用 3σ 准则来剔除粗大误差并求平均值，采用失重法来表征腐蚀速率，探究辐照条件下铍的腐蚀性能[61,62]。

5.2.1.1　辐照类型对试件质量变化的影响

试件分成 3 组，分别接受 10 kGy 的 γ 和中子共同辐照、10 kGy 的单独 γ 辐照和未辐照，之后进行两个周期的同条件腐蚀实验。处理实验数据，绘制 3 组试件平均质量随时间变化的曲线，如图 5.7 所示。

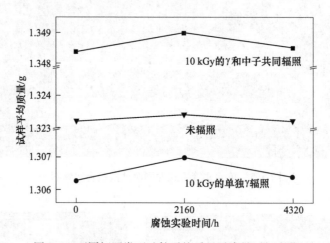

图 5.7　不同辐照类型试件平均质量随腐蚀时间变化

3 组铍试件的平均质量有相同的变化趋势，即先增大后减小。可推测，在腐蚀实验前期，铍试件表面生成腐蚀产物，导致铍试件的质量增加。随着时间的推移，生成的腐蚀产物逐渐增厚，其附着能力下降，1 号电火花加工油对铍试件表面不断冲刷，腐蚀产物从铍试件表面剥落而造成铍试件平均质量减小。据此可推测，在腐蚀实验前期，试件的冲刷腐蚀主要为 1 号电火花加工油与铍试件的化学腐蚀；在腐蚀实验后期，腐蚀则主要为流动介质对腐蚀产物及试件本身的冲刷腐蚀。在这两个阶段，γ 预照组试件的质量变化幅度均是最大的，中子和 γ 共同辐照组试件的质量变化幅度次之，无辐照组的质量变化幅度最小，由此可以推断辐照对铍冲刷腐蚀具有促进作用，且 γ 辐照促进作用更明显。

5.2.1.2　辐照剂量对试件质量变化的影响

试件分为 4 组，第一组不接受辐照，后三组分别接受 10 kGy、100 kGy、1000 kGy 的 γ 辐照，之后分别进行 5 个周期的冲刷腐蚀试验。处理试验数据，绘制铍试件平均质量变化值随腐蚀时间的变化曲线，如图 5.8 所示。在不同辐照剂量下，铍试件的平均质量随冲刷腐蚀时长的变化趋势均为先降低，后升高，再降低，最后升高的往复变化，且辐照剂量越高变化幅度越大。

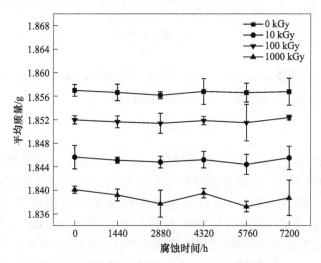

图 5.8　不同辐照剂量试件平均质量随腐蚀时间变化

铍试件在加工后表面粗糙度较大，存在较多的微小棱角，在冲刷腐蚀时长从 0~1440 h 时间段内，由于腐蚀介质 1 号电火花加工油的机械冲刷作用，铍试件表面的微小棱角逐渐变圆滑，因此试件的平均质量均减小。在冲刷腐蚀时长 1400~2880 h 时间段内，铍试件表面微小棱角因机械冲刷作用磨损，导致表面的致密氧化膜遭到破坏，内部的铍单质与腐蚀介质发生接触并发生反应。因此在此次冲刷腐蚀试验的前中期，铍试件既受到不断地冲刷作用，又不断地与腐蚀介质发生反应，铍试件平均质量的减小程度降低。在冲刷腐蚀时长 2880~4320 h 时间段内，铍试件内部单质的裸露面积进一步增大，化学反应的作用大于机械冲刷的作用，导致铍试件的平均质量略有增加，铍试件表面形成的腐蚀产物替代了原来的微小棱角，覆盖了裸露的铍单质。在冲刷腐蚀时长 4320~5760 h 时间段内，由于腐蚀产物附着在铍试件表面上，减少了铍单质与其他物质的直接接触，从而导致发生的化学反应减少，腐蚀介质对铍试件的机械冲刷作用开始占主导地位，腐蚀产物的附着力不足以抵抗腐蚀介质的冲刷作用，变得容易脱落，导致铍试件的平均质量下降。在冲刷腐蚀时长 5760~7200 h 时间段内，由于在整个冲刷腐蚀试验进行的过程中腐蚀介质均未更换，腐蚀介质 1 号电火花加工油长期处于 45 ℃

的环境当中，发生变质黏度升高，导致腐蚀介质中的微小杂质吸附到铍试件表面，因此试验第五个周期内铍试件的平均质量大幅度升高[63]。

推测在铍试件受 1 号电火花加工油冲刷腐蚀过程中机械冲刷和化学腐蚀交替起主导作用，导致试件质量呈现起伏变化，而辐照对铍冲刷腐蚀具有促进作用，辐照剂量越大促进作用越明显。

采用失重法，即通过腐蚀前后的重量变化来评定腐蚀结果。腐蚀速度和腐蚀深度可以分别由式（5.1）和式（5.2）计算：

$$V_{-w} = \frac{W_1 - W_0}{At} \tag{5.1}$$

式中，V_{-w} 为腐蚀速度，kg/(m$^2 \cdot$ h)；W_0 为试件腐蚀前质量，kg；W_1 为试件腐蚀后质量，kg；A 为试件总面积，m^2；t 为实验时间，h。

$$h = \frac{V_{-w}T}{\rho} \tag{5.2}$$

式中，h 为腐蚀深度，m；V_{-w} 为腐蚀速度，kg/(m$^2 \cdot$ h)；ρ 为试件密度，kg/m^3；T 为预计腐蚀时间，h。束流管的设计寿命为 10 年，因此这里的预计腐蚀时间 T 取为 10 年，根据式（5.1）可以算出所有试件平均腐蚀速率最大时为接受 1000 kGy 的 γ 辐照试件腐蚀时长 2880 h 时，为 1.67×10^{-6} kg/(m$^2 \cdot$ h)，根据式（5.2）可以算出 10 年内铍试件的腐蚀深度最大不超过 79.6 μm，占中心管最小厚度（600 μm）的 13.3%，由 7.5.2 节的计算知道，束流管的设计安全系数大于 6.9，因此，这个腐蚀深度对束流管整体安全性能没有明显的影响。

5.2.2　表面微观形貌变化

铍试件的表面微观形貌观察和微区元素分析（SEM/EDS）分析采用 ZEISS ULTRA 55 系列场发射扫描电镜，对分别接受 0 kGy、100 kGy、200 kGy 的 γ 辐照并在管流式冲刷腐蚀试验台中接受 0~6 个周期冲刷腐蚀后的试件进行观察。

图 5.9 所示为放大 3000 倍不同腐蚀时刻的微观形貌图，可以观察到腐蚀的发生过程。未进行腐蚀的微观形貌图如图 5.9（a）所示，铍试件表面有大量微小棱角。腐蚀实验进行 1440 h 后表面形貌如图 5.9（b）所示，试件表面相较于未腐蚀前试件表面粗糙度降低，0 kGy 辐照试件表面已经生成了少量的腐蚀产物，100 kGy 辐照试件表面腐蚀产物比 0 kGy 辐照组更多，并且还发现 1~2 μm 的点蚀核，200 kGy 辐照组表面被腐蚀的情况比 100 kGy 辐照组更加严重。如图 5.9（c）所示为腐蚀进行 4320 h 后的微观形貌图，0 kGy 辐照组试件表面生成了少量的斑点和蚀孔，100 kGy 辐照组和 200 kGy 辐照组试件表面的蚀孔数量更多，三组试件表面均附着大量腐蚀产物。进一步观察腐蚀 8640 h 后的试件表面的微观形貌图，如图 5.9（e）所示，可以看出试件表面蚀孔的数量和规模都有所扩

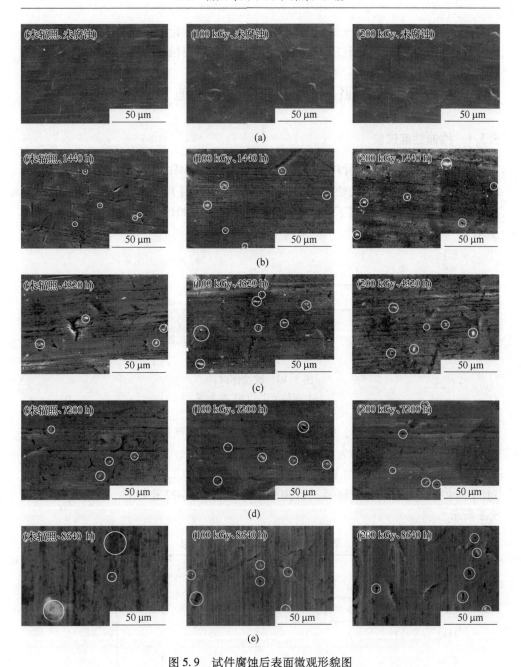

图 5.9 试件腐蚀后表面微观形貌图

(a) 原始试件表面；(b) 腐蚀 1440 h 后试件表面；(c) 腐蚀 4320 h 后试件表面；
(d) 腐蚀 7200 h 后试件表面；(e) 腐蚀 8640 h 后试件表面

大，而附着的腐蚀产物减少，使蚀孔变得更加清晰，三种辐照剂量试件表面的蚀孔数量依次增多，尺寸依次增大。由此可见，经过辐照后的铍试件的腐蚀程度会随着辐照剂量的升高而进一步加大，从宏观角度进行分析，辐照对铍试件在 EDM-1 中的腐蚀具有促进作用，且随着辐照剂量的增大促进腐蚀的作用越强[64,65]。

5.3　辐照与冲刷腐蚀作用下铍力学性能

5.3.1　拉伸性能试验

参照国家标准《金属材料拉伸试验　第 1 部分：室温试验方法》（GB/T 228.1—2010）设计拉伸试件与试验方案，拉伸试验设备选用 INSTRON5582 型电子万能材料试验机，试验在室温下进行，拉伸应变率为 0.001 s⁻¹。拉伸试件如图 5.10 所示。

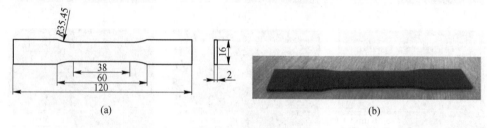

图 5.10　铍拉伸试件
（a）试件尺寸；（b）实物图

在进行拉伸试验之前，需要对拉伸试件进行不同剂量的辐照以及不同时长的冲刷腐蚀。辐照剂量分别为 0 kGy、10 kGy、100 kGy、1000 kGy，冲刷腐蚀时长分别为 0 h、1440 h、2880 h、4320 h、5760 h、7200 h。为保证试验的准确性，对同一冲刷腐蚀周期每个辐照剂量测试三个试件，共 72 个试件，试验分组如表 5.2 所示。

表 5.2　拉伸力学试验试件分组

冲刷腐蚀时间/h	辐照剂量/kGy			
	0	10	100	1000
0	3	3	3	3
1440	3	3	3	3
2880	3	3	3	3
4320	3	3	3	3
5760	3	3	3	3
7200	3	3	3	3

5.3.1.1 拉伸应力-应变曲线分析

按照试验方案进行试验，得到铍的准静态拉伸应力-应变曲线如图 5.11 所示。

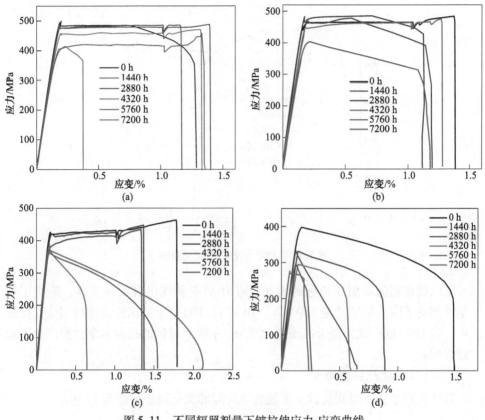

图 5.11 不同辐照剂量下铍拉伸应力-应变曲线

(a) 0 kGy；(b) 10 kGy；(c) 100 kGy；(d) 1000 kGy

在图 5.11 中可以发现，在同一 γ 辐照剂量下，应力-应变曲线均随着腐蚀时间的增加而明显下移，但由于铍受到的辐照剂量与腐蚀时间的不同，应力-应变曲线的趋势不尽相同，可分为两种：

（1）材料经过应力与应变呈现线性关系的弹性阶段，而后经过屈服阶段，出现均匀应变硬化特征，进入强化阶段，而后断裂。

（2）材料经过弹性阶段，而后出现未屈服即断裂或者屈服后未进入强化阶段即断裂的情况，未出现均匀应变硬化特征。

在图 5.11（a）中未辐照试件在经过冲刷腐蚀后，材料在拉伸过程中出现均匀应变硬化。随着辐照剂量的增加，10 kGy 试件经过 4320 h 的腐蚀、100 kGy 试件经过 2880 h 的腐蚀后依旧存在均匀应变硬化特征，而 1000 kGy 试件未腐蚀时这一特征就已消失，由此可见第一种趋势主要出现在经过小剂量辐照或者短时间腐蚀的试件，第二种趋势则出现在经过大剂量或长时间腐蚀的试件中。

对未进行冲刷腐蚀的试件进行拉伸试验，得到其应力-应变曲线如图 5.12 所示。

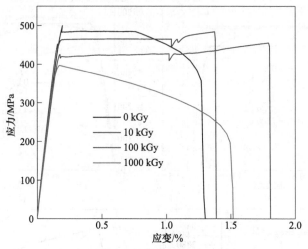

图 5.12   未腐蚀铍应力-应变曲线

可以观察到随着辐照剂量的增加，应力-应变曲线出现明显下移，造成了铍力学性能的下降。辐照剂量为 0 kGy、10 kGy、100 kGy 的试件出现均匀应变硬化现象，而 1000 kGy 试件则未出现强化现象，γ 辐照对铍的拉伸力学性能产生了较大的影响。

5.3.1.2   抗拉强度分析

处理试验数据，得到抗拉强度随腐蚀时间的变化趋势如图 5.13 所示。

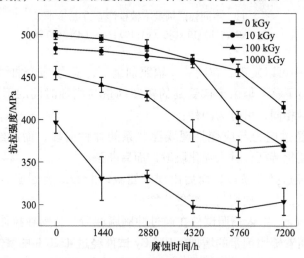

图 5.13   抗拉强度随腐蚀时间的变化

在图 5.13 中可以观察到不同辐照剂量试件的抗拉强度随着腐蚀时间的增加变化趋势相同，试件的抗拉强度均呈下降趋势。对于未辐照试件与辐照剂量 10 kGy 试件，腐蚀前三周期的抗拉强度分别下降了 5.8%、3.1%，二者在腐蚀后两周期下降幅度为 9% 和 8.3%，腐蚀前三个周期的下降幅度明显小于腐蚀后两个周期，而对于辐照剂量为 100 kGy 与 1000 kGy 的试件而言，腐蚀前三个周期的下降幅度明显大于腐蚀后两个周期，这一趋势说明腐蚀后期产生的大量点蚀、腐蚀产物、杂质等，对辐照剂量较小的试件抗拉强度的影响较大，对辐照剂量较大的试件影响较小。

铍在常温环境下会氧化形成致密的 BeO 薄膜，使其有较好的抗腐蚀性能，但在生产过程中混入的杂质元素，会使铍在湿润的环境中成为阳极，从而产生点蚀，降低其抗腐蚀性能。通过对冲刷腐蚀后的金属铍的 EDS 分析可以得知，无论腐蚀时间的长短，试件中均发现了 C、Fe 等杂质元素，这意味着辐照后的铍试件在 1 号电火花加工油中冲刷腐蚀后会产生点蚀，这一现象在 SEM 分析中也得到了验证。点蚀的出现会对铍表面微观形貌产生影响，同时腐蚀产物的生成使得试件组成元素产生变化，对内部结构产生影响，这也使得试件的抗拉强度随着腐蚀时间的增加，呈现下降的趋势。腐蚀时间较短时，这种影响对辐照剂量大的试件强于辐照剂量小的试件，而随着腐蚀时间的增加，这种影响则是相反的。

将未辐照试件与辐照后试件抗拉强度进行比较，发现未辐照试件在经过五个腐蚀周期后，抗拉强度由 499.4 MPa 降低为 414.7 MPa，下降了 16.9%，其下降幅度比经过 γ 辐照后的试件小，这说明与未辐照试件相比，在腐蚀周期相同时，辐照同样对试件抗拉强度产生了影响，辐照加剧了抗拉强度的下降，随着辐照剂量的增加，试件抗拉强度的下降幅度由 10 kGy 的 18.7% 增大到 1000 kGy 的 23.6%。辐照在铍试件内部产生空位与间隙原子，形成点缺陷，使其诱导产生一定密度的位错，阻碍了晶体的滑移过程，造成滑移困难，使得试件的强度有所下降，力学性能变差。同时，随着辐照剂量的增大，铍试件内部产生的空位与间隙原子更多，诱导产生的位错更多，位错的增多使得铍经过少量的屈服就产生断裂，造成强度的大幅下降。

辐照与腐蚀对铍试件抗拉强度的耦合作用使得其在经过大剂量辐照与长时间冲刷后，试件抗拉强度下降幅度最大值为 23.6%，在冲刷腐蚀与辐照共同作用下，试件产生的点缺陷，其中包括空位、间隙原子、点蚀、杂质原子等，诱导铍试件内部产生的位错密度更高，造成宏观上抗拉强度的下降。

5.3.1.3　拉伸屈服强度分析

以 0.2% 应变时的工程应力作为铍试件的拉伸屈服强度，各辐照剂量下试件的拉伸屈服强度随腐蚀时间的变化趋势如图 5.14 所示。未辐照未腐蚀试件的拉伸屈服强度为 484.8 MPa，随着腐蚀时间的增加，铍试件的拉伸屈服强度变化趋势与抗拉强度类似，总体上均呈现下降的趋势。试件的拉伸屈服强度在腐蚀前三个周期均呈现下降趋势，在腐蚀第四周期 100 kGy 试件的拉伸屈服强度出现小幅上升，上升幅度为 4.9%，推测试件内部产生了足够密度的位错，位错密度的大幅度增加使得不同方向的位错增加，一个方向位错同时启动的几率减少，同时位错之间的相互影响和交错，阻碍了位错的滑移，使得拉伸屈服强度有小幅度上升。1000 kGy 的三个试件均在腐蚀第四周期未屈服就断裂，出现较大的脆性。在最后一个冲刷周期，0 kGy 与 10 kGy 试件拉伸屈服强度继续下降，而 100 kGy、1000 kGy 试件均未屈服就断裂，试件脆性较大，塑性较差。

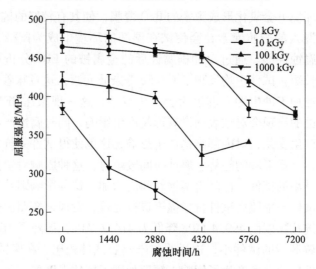

图 5.14　拉伸屈服强度随腐蚀时间的变化

对于同一腐蚀周期，对比不同辐照剂量的试件，发现在腐蚀前三个周期 0 kGy 与 10 kGy 试件拉伸屈服强度下降幅度分别为 6.5% 与 2.2%，远小于 100 kGy、1000 kGy 试件的 22.9% 与 37.4%。整体对比拉伸屈服强度的变化趋势，发现 0 kGy、10 kGy 试件随着冲刷周期的增加，二者的变化幅度较为接近，下降了 26% 左右，1000 kGy 试件下降幅度最大，辐照剂量的增大加剧了拉伸屈服强度的下降。

除辐照剂量 100 kGy、腐蚀 5760 h 的试件外，试件的拉伸屈服强度随着腐蚀时间的增加与辐照剂量的升高均呈现下降趋势，其下降的原因与抗拉强度类似，随着辐照剂量的增加与腐蚀时间的增长，辐照造成的点缺陷、腐蚀产生的点蚀、杂质原子等因素对铍试件力学性能的影响越加明显，诱导铍试件中产生大量位错，而位错的启动与急剧增多使得铍试件进入屈服阶段，试件经过少量的滑移就断裂，造成拉伸屈服强度下降，甚至出现未屈服就断裂的情况。

试验中试件拉伸屈服强度最低为 240.2 MPa，远高于 7.5.2 节中铍束流管的最大等效应力 34.7 MPa，证明了铍束流管的安全性。

5.3.1.4 杨氏模量分析

对未辐照试件的杨氏模量进行测量，其变化规律如图 5.15 所示。

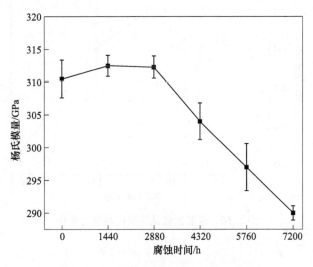

图 5.15 未辐照铍试件杨氏模量的变化

在未辐照未腐蚀时，测得其杨氏模量为 310.5 GPa，这与前人测得数值近似。随着腐蚀周期的增加，在冲刷腐蚀前两个周期，试件的杨氏模量有小幅度上升，上升幅度不足 1%，几乎不变，但是随着腐蚀周期的进一步增加，铍试件的杨氏模量随之下降了 6%，下降幅度较大。在腐蚀前两周期铍表面的微小棱角被冲刷掉落，腐蚀产物较少，腐蚀杂质原子对试件作用时间短，故对材料杨氏模量影响不大。随着冲刷腐蚀的进行，更多的微小棱角被冲刷剥落、铍表面氧化膜被破坏、腐蚀杂质原子的长时间作用以及点蚀的产生，共同造成了宏观上铍杨氏模量的下降。对未腐蚀试件的杨氏模量进行测量，其变化如图 5.16 所示。

与抗拉强度的变化规律类似，杨氏模量也随着辐照剂量的增加逐渐下降，下降幅度为 5.5%。由于辐照使得铍内部产生辐照缺陷，如空位与间隙原子，且辐照剂量的增加使得铍内部产生更多的点缺陷，进而诱导产生更多的位错，阻碍了晶体的滑移，造成宏观上铍杨氏模量的下降。

5.3.1.5 延伸率分析

通过对试件的拉伸试验，测得不同辐照剂量下铍试件的延伸率随冲刷腐蚀时间的变化规律如图 5.17 所示。

未经过辐照与冲刷腐蚀试件的延伸率为 2.3%，经过不同剂量辐照后拉伸铍试件的延伸率在 0~2.3% 之间。对比同一腐蚀时间下不同辐照剂量的试件延伸率，发现未腐蚀试件的延伸在 1.5%~2.3% 之间，0 kGy 与 10 kGy、100 kGy 与

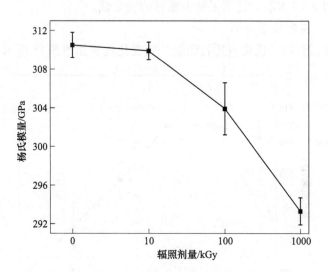

图 5.16　未腐蚀铍试件杨氏模量的变化

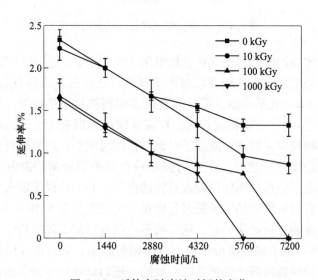

图 5.17　延伸率随腐蚀时间的变化

1000 kGy 延伸率较为接近，未腐蚀时 100 kGy 与 1000 kGy 试件的延伸率低于 0 kGy 与 10 kGy 试件，随着辐照剂量的上升，试件的延伸率有明显下降，下降幅度均超过未辐照试件，且经过长时间冲刷腐蚀后 100 kGy 与 1000 kGy 试件出现延伸率为 0 的情况，塑性急剧降低。

　　结合试件 SEM 图像，对铍试件塑性急剧降低的原因进行分析。由于金属铍具有毒性，铍试件在切割完成后并未进行手工打磨，存在加工痕迹、微小棱角。

随着冲刷腐蚀的进行，冲刷的机械作用使得铍表面微小棱角产生磨损，铍表面产生微小裸露，进而增大了与腐蚀介质的接触面积，产生腐蚀产物，但在冲刷腐蚀的长时间作用下，腐蚀介质中的杂质与腐蚀产物附着在铍试件表面，增大了试件表面的粗糙度，使得铍试件在准静态拉伸过程中易产生微小裂纹，且铍由于本身结构的缺陷，塑性较差，而对于塑性较差的材料，表面粗糙度也是塑性指标的主要影响因素。在 SEM 图像中观察到在腐蚀后期，铍试件的表面粗糙度增大，造成了铍塑性的降低，同时在冲刷腐蚀中，腐蚀介质与铍试件的相互作用会伴随杂质原子的生成，而腐蚀溶于晶体内的杂质原子属于点缺陷的一种，点缺陷诱导位错的产生，位错的运动和相互作用、位错与其他类型缺陷的相互作用，都对铍塑性变形有一定的影响。

辐照会引起铍试件内部产生点缺陷，且随着辐照剂量的增加其内部点缺陷数量急剧增多，进而诱导产生更多位错，微观组织缺陷造成裂纹达到扩展尺寸过早，使得缺失滑移系的铍试件经过少量的滑移就达到晶面的解理应力，造成其断裂，最终导致铍塑性性能的降低。

在冲刷腐蚀与辐照的耦合作用下，腐蚀杂质原子的出现、腐蚀产生的点蚀、辐照产生的空位与间隙原子，共同诱导产生一定密度的位错，阻碍拉伸铍试件的塑性变形，使得滑移系缺失的铍拉伸试件，经过少量的滑移就达到晶面的解离应力，出现断裂，塑性降低。随着冲刷时间的增加，更多杂质原子进入试件中，导致点缺陷数量增多以及在 SEM 试验中观察到的点蚀数量与表面粗糙度大幅增加，以上因素共同作用导致拉伸产生的裂纹过早地达到裂纹扩展尺寸，使铍试件塑性降低。

5.3.2 压缩性能试验

参照国家标准《金属材料室温压缩试验方法》（GB/T 7314—2017）设计压缩试件、夹紧约束装置与准静态压缩试验方案，压缩试件与约束装置结构示意图如图 5.18 所示。

压缩试验设备选用 INSTRON5582 型电子万能材料试验机，试验在室温下进行，在准静态条件下的压缩应变率为 $0.001~\mathrm{s^{-1}}$，本次压缩试件的初始长度为 82 mm，故加载位移速率为 $v = 82 \times 10^{-3} e^{-0.001t}$ mm/s，图 5.19 所示为加载速率时程曲线。

在压缩试验之前同样对铍压缩试件进行不同剂量的 γ 辐照和不同时长的冲刷腐蚀，辐照剂量分别为 0 kGy、10 kGy、100 kGy、1000 kGy，冲刷腐蚀时长分别为 0 h、1440 h、2880 h、4320 h、5760 h、7200 h。为保证试验结果的准确性，相同条件下测试 3 个试件，共测试 72 个试件。

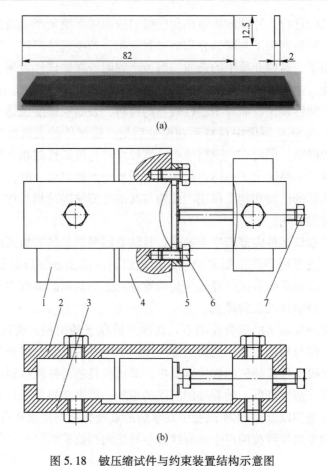

图 5.18　铍压缩试件与约束装置结构示意图

（a）压缩试件；（b）约束装置结构示意图

1—左夹板；2—后端盖；3—前端盖；4—右夹板；5—板簧；6—限位螺栓；7—夹紧螺栓

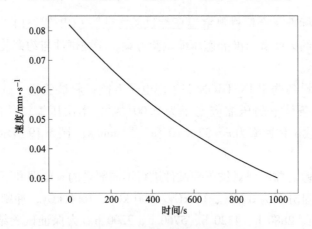

图 5.19　加载速率时程曲线

5.3.2.1 压缩应力-应变曲线分析

按照试验方案进行准静态压缩，得到铍试件的应力-应变曲线及相关的性能参数，处理试验数据，得到铍的准静态真实压缩应力-应变曲线如图 5.20 所示。

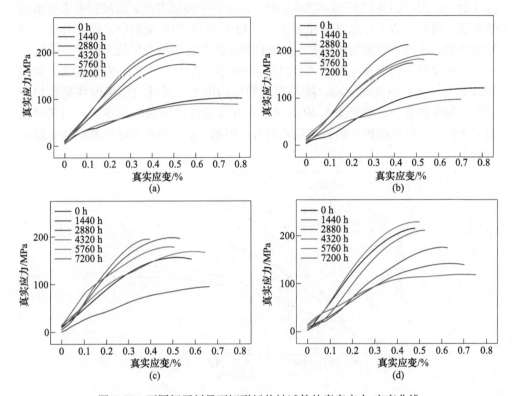

图 5.20 不同辐照剂量下矩形板状铍试件的真实应力-应变曲线

（a）0 kGy 剂量下铍的真实应力-应变曲线；（b）10 kGy 剂量下铍的真实应力-应变曲线；
（c）100 kGy 剂量下铍的真实应力-应变曲线；（d）1000 kGy 剂量下铍的真实应力-应变曲线

从图 5.20 中可以发现，无论辐照剂量多大、腐蚀时间多长，铍的真实应力-应变曲线具有大致相同的变化趋势。铍试件的真实应力-应变曲线可分为三个阶段：

（1）第一阶段为弹性阶段，当金属材料受到压力时，材料应力与其变形量呈线性关系，真实应力随真实应变的增加而均匀增加，弹性模量基本保持一致。

（2）第二阶段为屈服阶段，通过真实应力-应变可以观察到没有明显的屈服平台，但因辐照剂量、腐蚀时长的不同，屈服强度有所差异。

（3）第三阶段为强化阶段，同一辐照剂量下不同冲刷腐蚀时长的试件具有不同的应变硬化率，但都由于脆性导致变形量较小。

各辐照剂量下铍真实应力-应变曲线随腐蚀时长的变化有一定的相似性。当冲刷腐蚀 1440~5760 h 时，试件表面因受到腐蚀介质的化学反应与机械冲刷的共同作用，表面粗糙度发生了一定的变化，导致试件的压缩弹性模量也随之改变，辐照剂量为 1000 kGy 时压缩弹性模量变化幅度最大，辐照剂量为 10 kGy 时变化幅度最小。当冲刷腐蚀 5760~7200 h 时，由于整个冲刷腐蚀试验过程中未更换腐蚀介质，腐蚀介质 1 号电火花加工油长期处于 45 ℃的环境当中，黏度升高，导致其中的微小杂质吸附到试件表面，试件的压缩弹性模量发生较大幅度的降低。

　　绘制受到不同剂量 γ 辐照未经冲刷腐蚀的铍试件真实应力-应变曲线，如图 5.21 所示。可以直观地看出，随着辐照剂量的增大，试件的压缩弹性模量出现了较大幅度的增大。联系图 5.20 亦可以发现无论冲刷腐蚀时间多长，当辐照剂量增大时，试件压缩弹性模量均随之增大，因此，γ 辐照对铍的压缩性能有较大的影响。

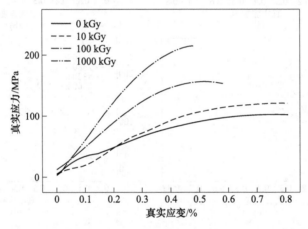

图 5.21　冲刷腐蚀时长为 0 h 的铍试件真实应力-应变曲线

5.3.2.2　压缩屈服强度分析

　　以 0.2% 应变时的工程应力作为铍试件的屈服强度，各辐照剂量下铍试件的压缩屈服强度随腐蚀时长的变化趋势如图 5.22 所示。

　　由图可见，未辐照试件压缩屈服强度的变化趋势与辐照后试件有明显不同，未辐照试件的压缩屈服强度随腐蚀时长的变化趋势为先降低后升高，辐照后试件的压缩屈服强度随腐蚀时长的变化趋势为先升高后降低。

　　(1) 冲刷腐蚀 0~1440 h 时，虽然试件表面的微小棱角由于 1 号电火花加工油的机械冲刷作用有所变小，但依旧存在明显的加工痕迹，在准静态压缩过程中易产生裂纹，从而导致未辐照试件的压缩屈服强度降低。辐照使得试件内部晶体结构发生变化，位错密度升高，压缩屈服强度大幅度提高。表面微观结构变化对辐照后试件的影响比对未辐照试件小，因此辐照后试件的压缩屈服强度比未辐照试件高。

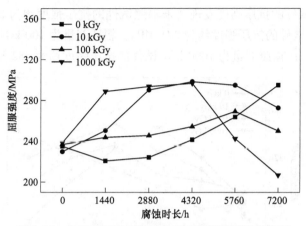

图 5.22　各辐照剂量下铍试件的压缩屈服强度趋势图

（2）冲刷腐蚀 1440~4320 h 时，试件表面的微小棱角因腐蚀介质的机械冲刷作用而磨损，试件表面的加工痕迹明显消失，裸露的铍单质与腐蚀介质发生反应生成腐蚀产物并附着在试件表面上，从而导致表面粗糙度下降。表面粗糙度的下降使得试件在准静态压缩过程中不易产生微小裂纹，因此无论是否经过辐照，试件的压缩屈服强度在这一冲刷腐蚀阶段后均有所升高。

（3）冲刷腐蚀 4320~7200 h 时，试件的表面附着了大量铍单质与腐蚀介质反应生成的腐蚀产物，腐蚀产物的生成替代了试件表层的原物质，腐蚀介质对试件的机械冲刷作用主要作用在腐蚀产物上，使得试件表面粗糙度进一步降低。未辐照试件的位错密度没有得到提升，其压缩屈服强度主要受本身性质与腐蚀产物的影响，表面粗糙度的下降及腐蚀产物的强化作用使得未辐照试件的压缩屈服强度再次升高；腐蚀产物的强度并没有试件表面原物质受过辐照之后的强度高，试件表面附着的腐蚀产物尽管使得表面粗糙度下降，但也使辐照后试件的屈服强度降低。

研究发现辐照会对金属的压缩强度产生影响，由图 5.22 可看出试件的压缩屈服强度与辐照剂量存在着一定的关系。在前三个冲刷腐蚀周期，相对于未辐照试件，辐照后试件的压缩屈服强度均有所升高，且辐照剂量为 1000 kGy 的试件压缩屈服强度最大，辐照剂量为 10 kGy 的试件次之，辐照剂量为 100 kGy 的试件最小。这是由于辐照会使金属产生晶体缺陷，从而形成晶体位错，辐照剂量越大，位错密度也越大，材料强度随着位错密度的增加先降低后升高，因此，辐照后铍试件的压缩屈服强度随辐照剂量呈现出先升高后降低再升高的趋势。

试验中出现的试件压缩屈服强度最低为 206.7 MPa，同样远高于 7.5.2 节中铍束流管的最大等效应力 34.7 MPa，证明了铍束流管的安全性。

5.3.2.3　抗压强度分析

各辐照剂量下铍试件的抗压强度随腐蚀时长的变化趋势如图 5.23 所示。通过观察未腐蚀试件的抗压强度发现，未辐照试件的抗压强度约为 280 MPa；辐照剂量为 10 kGy 试件的抗压强度约为 271 MPa；辐照剂量为 100 kGy 试件的抗压强度约为 290 MPa；辐照剂量为 1000 kGy 试件的抗压强度约为 282 MPa。

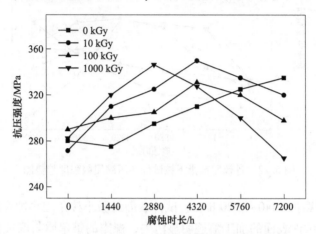

图 5.23　各辐照剂量下铍试件的抗压强度趋势图

　　冲刷腐蚀 1440~4320 h 时，辐照后试件比未辐照试件的抗压强度大，且随着辐照剂量增大，抗压强度呈现出先降低后升高的趋势，说明辐照产生的晶体缺陷在一定程度上使得晶体位错密度升高，抗压强度也随位错密度的升高而先降低后升高；冲刷腐蚀 4320~7200 h 时，辐照后试件的抗压强度由上升趋势转变为下降趋势，而未辐照试件的抗压强度依旧处于上升趋势，说明长时间的冲刷腐蚀对辐照后试件抗压强度的升高起到了抑制作用，对未辐照试件抗压强度的升高起到促进作用。

　　对于辐照后的铍试件，如图 5.23 所示，各辐照剂量下铍试件抗压强度随腐蚀时长的变化趋势基本一致，均呈现出先升高后降低的趋势。由试件的表面微观形貌可知，本次矩形板状铍试件在冲刷腐蚀前后具有不同的表面粗糙度，未经过冲刷腐蚀的试件有着较大的表面粗糙度，试件在冲刷腐蚀试验装置中受到腐蚀介质的机械冲刷作用和化学腐蚀作用，在铍试件的表面生成了不同数量的腐蚀产物，铍试件的表面粗糙度也因此降低，从而导致未腐蚀试件的抗压强度均低于腐蚀后的试件。

　　室温条件下，铍试件表面会生成氧化膜，可有效避免内层单质与外界接触而发生反应。在整个冲刷腐蚀试验过程中，铍试件表面不断有微小棱角被冲刷，使得氧化层内部的铍单质裸露并与腐蚀介质接触发生反应，生成的腐蚀产物附着在试件表面，且在冲刷腐蚀 4320 h 时腐蚀产物的量达到一次极值，在冲刷腐蚀 7200 h 时再次达到极值。铍试件经过 γ 辐照，晶体内部产生辐照缺陷，其位错密度也随辐照剂量的增大而增大，使得铍试件抗压强度随辐照剂量的增大而呈现出先降低后升高的趋势。冲刷腐蚀 0~4320 h 时，不断地有腐蚀产物生成并附着在试件表面，使得试件表面粗糙度降低，铍试件的抗压强度也因此升高。冲刷腐蚀 4320~7200 h 时，尽管铍试件表面粗糙度有所降低，但裸露的铍单质与腐蚀介质生成的腐蚀产物并没有氧化铍的强度高，试件表面的腐蚀产物影响了整体性能，导致铍试件的抗压强度急剧下降，且随着辐照剂量的增大，下降幅度也越大。

因此，在整个压缩试验的过程中，试件表面粗糙度、辐照剂量、试件表面腐蚀产物等因素对抗压强度有着关键性的影响，试件表面粗糙度可影响试件的抗压强度，辐照剂量可提高试件的抗压强度，试件表面生成的腐蚀产物则对铍试件的抗压强度有着促进或抑制的影响。

5.4 辐照作用下铍冲刷腐蚀性能微观机理

5.4.1 表面微观形貌和微区元素分析

对不同辐照剂量下的铍试件腐蚀后的微观形貌进行了对比研究，图 5.24 所示为腐蚀实验进行 7200 h 后铍试件表面的微观形貌图。可以看出，未接受辐照

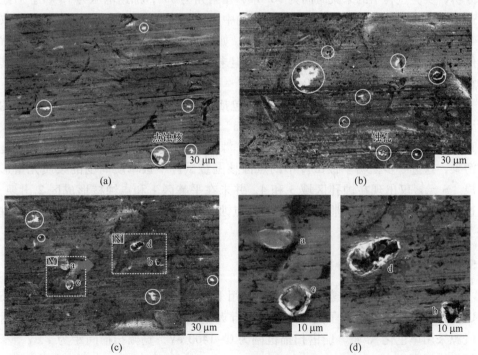

图 5.24 腐蚀 7200 h 后铍试件表面微观形貌

(a) 未辐照；(b) 100 kGy 的 γ 辐照；(c) 200 kGy 的 γ 辐照；(d) 放大 10000 倍

的试件（图 5.24（a））表面形成凸起的点蚀核（黄色圈中），受 100 kGy γ 辐照的试件（图 5.24（b））除了产生点蚀核外，还出现了直径为 1～2 μm 的蚀孔（红色圈中），受 200 kGy γ 辐照的试件（图 5.24（c））表面产生较 100 kGy 试件中直径更大（3～4 μm）的蚀孔。由此可见，辐照剂量对金属铍在 1 号电火花加工油中点蚀的发生具有促进作用，辐照剂量越大，点蚀程度越严重。

为进一步揭示点蚀孔的形成过程，采用 ZEISS ULTRA55 热场发射扫描电镜将受 200 kGy γ 辐照、腐蚀 7200 h 的试件（图 5.24（c））表面中的 M、N 点蚀区域进一步放大，从图 5.24（d）中可以看出，位置 a 为处于孕育期的点蚀核正在材料内部形成，该位置材料明显高出试件平面，位置 b 处的试件表面开始破裂，露出内部的点蚀核，位置 c 处的点蚀核体积明显变大，且点蚀核周围的破裂程度加剧，位置 d 处的点蚀核已脱离试件表面并形成形状不规则的蚀孔。金属材料的夹杂及晶体结构缺陷是引起点蚀的常见原因，且形成蚀孔的大小、形状及分布无明显规律，由此可推断，可能是该铍试件中存在的结构缺陷或夹杂引起了点蚀核的形成，并在腐蚀过程中不断长大以致形成蚀孔。

研究点蚀的形成机理，采用扫描电镜对蚀孔周围区域进行 EDS 表面能光谱分析，实验过程中的采集时间为 30.0 s，出射角为 35°，加速电压为 15 kV。对经过 200 kGy γ 预辐照在 1 号电火花加工油中腐蚀 7200 h 后的铍试件，在表面选取 4 个位置 1、2、3、4 进行元素能谱分析。如图 5.25（a）所示，其中位置 1 为试件表面的平整区，位置 2 为点蚀核形成但未破裂区，位置 3、4 均为蚀孔区，其相应的能谱如图 5.25（b）～（e）所示。

可以看出，平整区位置 a 的元素仅包括 C、O，蚀孔形成区位置 2、3、4 的元素包括有 O、Al、Si、Fe、Cr、Ti、Ca、S 等，其中 C、O、Al、Si、Fe、Cr、Ti 等元素来源于试件本身，Ca、S 元素来源于 1 号电火花加工油或 EDS 实验环境污染，这进一步证明了铍试件中的点蚀核围绕试件中铍单质周围的杂质元素形成。S 元素仅出现在蚀孔区域 3 和 4，并未在平整区 1 和点蚀核形成区 2 出现，这说明 1 号电火花加工油中的 S 元素在点蚀产生的后期与铍发生化学作用，促进了蚀孔的形成和扩展。

5.4.2　表面元素成分分析

试件整体表面元素成分分析采用日本 Kratos 公司设计生产的 AXIS ULTRADLD X 射线光电子能谱分析仪进行 X 射线光电子能谱分析（XPS），X 射线源采用单色化 Al 靶，能谱扫描范围为 0～1400 eV，宽幅扫描间距为 1 eV，窄幅扫描间距为 0.1 eV。

通过对试件表面进行宽谱扫描，得到如图 5.26 所示的 1 号电火花加工油腐蚀 7200 h 后铍试件表面的 XPS 全谱图，横坐标为结合能，纵坐标为相对强度，其中四组分别为未辐照未腐蚀试件、未辐照腐蚀 7200 h 试件、100 kGy γ 辐照并腐蚀 7200 h 试件以及 200 kGy γ 辐照并腐蚀 7200 h 试件。

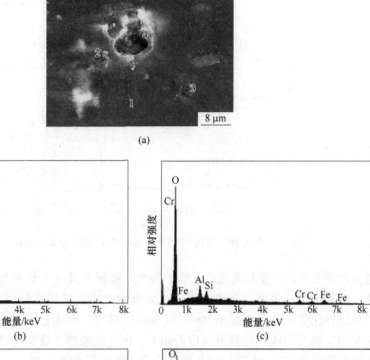

(a)

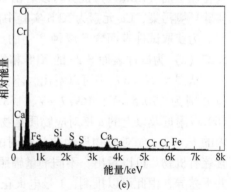

图 5.25 200 kGy 预辐照和 7200 h 腐蚀后铍试件 EDS 能谱
（a）测点分布；（b）位置 1；（c）位置 2；（d）位置 3；（e）位置 4

通过与 X 射线光电子标准谱图进行比对可以看出，无论是否接受辐照，受 1 号电火花加工油腐蚀后，A、B、C 三组试件均出现了 Be、O、C、Ca、Si、S 元素，而未受 1 号电火花加工油腐蚀的 P 组试件中仅出现 Be、O、C、Ca、Si 元素，未出现 S 元素。可以推测，A、B、C 三组试件中的 S 元素来自腐蚀介质 1 号

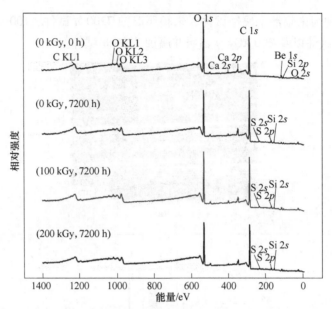

图 5.26　腐蚀 7200 h 后铍试件表面的 XPS 全谱图

电火花加工油，1 号电火花加工油中的 S 与铍试件发生了化学反应，含 S 腐蚀产物已吸附于试件表面。元素主要来源为腐蚀介质、试件成分以及实验环境污染，从铍试件化学成分可以看出 Be 和 Si 存在于试件，根据铍试件化学成分和 1 号电火花加工油（EDM-1）成分可以看出 C、O 可能来源为腐蚀介质、试件成分以及实验环境污染，Ca 元素为 XPS 实验中出现的常见污染元素。

　　为获取试件表面含 S 腐蚀产物的成分，对 S 元素 XPS 精细谱进行分析，图 5.27（a）为试件表面 S 2p 的 XPS 精细谱图。

　　从图 5.27（a）中可以看出，不同组试件中均有 a、b、c、d、e 5 个峰，峰位分别为 170.5 eV、169.7 eV、168.2 eV、164.3 eV、162.4 eV，结合能为 169 eV 附近及以上的 a 峰对应物质是物理吸附的 SO_2，结合能在 164~169 eV 范围内的 b、c、d 峰对应物质为化学吸附的 SO_x，如 SO_2、SO_3、SO_4，e 峰对应物为含硫有机物。可以看出，不同剂量辐照后的试件经腐蚀后，其表面生成的硫化物并无差异，由此可以推测，1 号电火花加工油中的含硫有机物对各组铍试件的化学反应机理相同，均生成硫氧化物 SO_2、SO_3、SO_4，并分别通过范德华力形成的物理吸附键和价键力形成的化学吸附键吸附于试件表面。为了研究腐蚀过程中 Be 元素的化学反应过程，对试件表面 Be 元素进行进一步的 XPS 精细谱分析。Be 1s 的 XPS 精细谱图如图 5.27（b）所示，可以看出，每组试件中均仅有 f、g 两个峰，其中 f 峰与 BeO 中 Be 1s 113.7 eV 的峰吻合，g 峰与 Be 单质中 Be 1s 111.5 eV 的峰吻合，由此可知 f 峰对应的物质为 BeO，g 峰对应的物质为 Be 单质，据此可推断，试件表面的铍发生氧化反应生成的化合物仅有 BeO。

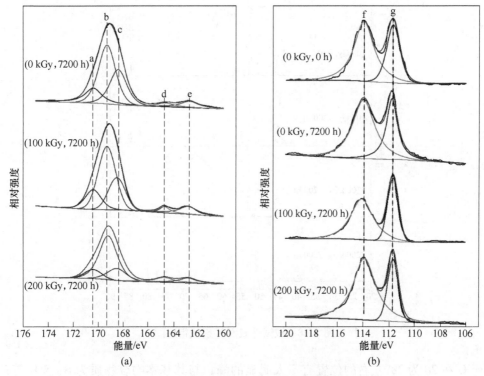

图 5.27　试件表面的 XPS 精细谱分析

（a）S 2p 精细谱；（b）Be 1s 精细谱

5.4.3　表面成分晶体结构分析

X 射线衍射实验采用的衍射仪为日本玛珂科学仪器公司（MAC Science Co.，Ltd.）生产的 21 kW 超大功率 X 射线衍射仪，射线源为 Cu Kα，石墨单色器，电压 40 kV，电流 30 mA，扫描速率 0.02°/s。

对腐蚀 7200 h 后试件表面进行射线衍射分析，图 5.28 是铍试件表面 X 射线衍射图，根据图谱可以看出，出现 Be 和 BeO 两组明显的衍射峰，Be 特征衍射峰 2θ：46°、51°、53°、71°、85°，对应晶面指数为（100）、（002）、（101）、（102）、（110）；BeO 特征衍射峰 2θ：38.5°、41.2°、57.6°，对应晶面指数为（100）、（002）、（101）。

铍试件预辐照后在 1 号电火花加工油中腐蚀后，相对于 O 组，A、B、C 都出现了 BeO 峰，由此可以看出在腐蚀后铍试件的氧化膜明显增厚，这也证明了腐蚀形式主要为试件基体材料铍的氧化。相对于 O 组 A、B、C 组在晶面（002）、（101）的特征峰值增大和晶面（110）的特征峰值减小，说明腐蚀过程改变铍的晶体结构而非只存在两种物质的结构差异。除此之外，A、B、C 相对

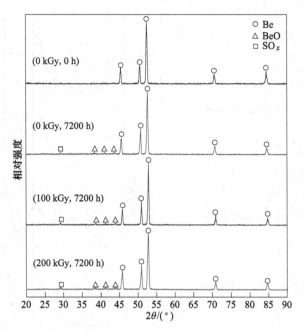

图 5.28　铍试件表面 X 射线衍射图

于 O 在 2θ 为 28°左右的位置有不太明显的峰，与其基本吻合物质为 S、SO_2 等，根据 XPS 实验结果此峰为 SO_x 吸附物。

本章针对辐照作用下铍在 1 号电火花加工油流体中的冲刷腐蚀性能和力学性能变化进行研究，得出如下主要结论：

（1）研究辐照作用下铍在 1 号电火花加工油中冲刷腐蚀性能发现，铍腐蚀过程中机械冲刷和化学腐蚀交替起主导作用，造成试件质量和表面微观结构发生相应变化；辐照对铍的腐蚀具有促进作用，且 γ 辐照单独作用强于中子和 γ 辐照共同作用、辐照剂量越大促进作用越明显；根据失重法计算 10 年内铍试件的腐蚀深度最大不超过 79.6 μm，占中心管最小厚度（600 μm）的 13.3%，对束流管整体安全性能没有明显的影响。

（2）研究辐照与腐蚀作用下铍力学性能发现，辐照和冲刷腐蚀都会降低铍的抗拉强度、杨氏模量、延伸率等力学性能，且随着辐照剂量的增大和冲刷时间的延长，降低作用越加明显，而铍的抗压强度受试件表面粗糙度、腐蚀产物、辐照剂量等多种因素的影响呈复杂变化；试验中辐照剂量 1000 kGy 的试件分别在腐蚀时间 4320 h 和 7200 h 时出现拉伸屈服强度最低值 240.2 MPa 和压缩屈服强度最低值 206.7 MPa，均远大于铍束流管的最大等效应力 34.7 MPa，证明了铍束流管的安全性。

（3）研究辐照作用下铍腐蚀性能微观机理发现，铍的结构缺陷是点蚀核形成的关键因素，而 1 号电火花加工油中的 S 及其氧化物对铍的腐蚀起到了促进作用；辐照会在铍内产生大量缺陷，降低铍力学性能的同时促进铍的腐蚀，且辐照能量越大产生缺陷越多，同剂量下 γ 辐照产生的缺陷最多，中子-γ 综合辐照次之，中子辐照最少。

（4）研究表明辐照作用下铍在 1 号电火花加工油流体中会受到一定程度的腐蚀作用，且力学性能有所下降，但铍的各项性能参数均在束流管安全运行允许范围内，可以选用 1 号电火花加工油流体作为中心铍管的冷却介质。

看彩图

6 辐照作用下玻璃纤维 增强复合材料性能

BEPCⅡ在运行过程中将会产生大量 γ 和中子辐照，然而，玻璃纤维增强复合材料（GFRP）在辐照环境下会发生力学性能、热性能和电性能的变迁，从而对支撑设备乃至物理实验装置的安全运行造成严重隐患。因此，为确保工程的正常建设和日后设备的安全运行，探究辐照环境下 GFRP 力学性能、热性能和电性能的变化规律极为必要。

6.1 辐照作用下玻璃纤维增强复合材料力学性能

试验中所采用的 GFRP 板由广州太和覆铜板厂生产，其中增强材料为 S 玻璃纤维布（含碱量小于 0.5%），编织型式 7628 型；基体树脂为 E-20 环氧树脂；固化剂为双氰胺（DICY）；促进剂为二甲基咪唑（2MI）。

6.1.1 断纹剪切性能试验

参照美国材料测试协会的短梁剪切实验标准《ASTM D2344 Interlaboratory round robin test at liquid Helium temperature on the interlaminar shear strength of composite materials》和国家标准《纤维增强塑料冲压式剪切强度试验方法》（GB 1450.2—2005）制备试件，选取 6 mm 厚的板材，平行玻璃纤维方向加工剪切试件，尺寸为 40 mm×20 mm×6 mm（长×宽×厚），辐照处理分为 3 组，分别为未辐照、10 kGy 的 γ 辐照、10 kGy 的 γ 辐照与 $4.1×10^{18}$ m^{-2} 的中子辐照。试验依据 GB 1450.2—2005 进行，加载方向垂直于 GFRP 板层间方向，单剪切面。实验机为 M-100A 电子万能实验机；加载速度为 2 mm/min，得到 GFRP 板辐照前后断纹剪切强度的变化见表 6.1。

表 6.1　GFRP 板的断纹剪切试验结果

辐照剂量	样品	剪切断面尺寸 /mm×mm	破坏载荷 /kN	断纹剪切强度 /MPa	平均断纹剪切强度 /MPa	最大偏差值 /MPa	变化率 /%
0	1	19.42×6.52	10.212	80.7	79.8	+0.9	—
	2	20.04×6.20	10.349	83.3		+3.5	

续表6.1

辐照剂量	样品	剪切断面尺寸 /mm×mm	破坏载荷 /kN	断纹剪切强度 /MPa	平均断纹剪切强度 /MPa	最大偏差值 /MPa	变化率 /%
0	3	20.00×6.52	10.118	77.6	79.8	-2.2	—
	4	19.88×5.88	9.024	77.2		-2.6	
	5	20.00×6.50	10.408	80.1		+0.3	
10 kGy 的 γ 辐照	6	19.92×6.00	8.875	74.3	75.1	-0.8	-5.9
	7	20.10×6.00	8.960	74.3		-0.8	
	8	20.00×6.00	9.227	76.9		+1.8	
	9	19.88×6.38	9.535	75.2		+0.1	
	10	20.00×6.10	9.121	74.8		-0.3	
10 kGy 的 γ 辐照和 $4.1×10^{18}$ m^{-2} 的中子辐照	16	19.98×5.96	8.328	69.9	70.7	-0.8	-11.4
	17	20.18×6.00	8.766	72.4		+1.7	
	18	20.04×6.08	8.792	72.2		+1.5	
	19	20.08×6.08	8.354	68.4		-2.3	
	20	20.04×6.08	8.600	70.6		-0.1	

　　由表6.1可以看出，GFRP板在未经辐照时的断纹剪切强度为79.8 MPa，经过 10 kGy 的 γ 辐照后断纹剪切强度为75.1 MPa，经过 10 kGy 的 γ 辐照和 $4.1×10^{18}$ m^{-2} 的中子辐照综合作用后，断纹剪切强度为70.7 MPa。总之，在辐照作用下，GFRP板的断纹剪切强度呈下降趋势，分别下降5.9%和11.4%，但是仍能满足束流管对支撑法兰材料剪切强度大于 45 MPa 的要求。

　　用剑桥 S-360 扫描电镜（SEM）[66,67] 对 GFRP 板的剪切断口形貌进行观察。图 6.1 是 GFRP 板辐照前后剪切断口的 SEM 图像，对比图 6.1（a）~（c），可以明显看出，辐照后断裂玻璃纤维上黏附的环氧树脂较辐照前少；玻璃纤维表面在辐照前后并没有明显变化；但是，环氧树脂的破坏形状在辐照前后有所变化，未辐照 GFRP 板图 6.1（a）的环氧树脂在剪切时呈现较大片状，而辐照后图 6.1（b）和（c）环氧树脂在剪切时呈现明显的碎片状。

　　图 6.2 是 GFRP 板辐照前后的载荷位移图，可以看出，图 6.2（a）比图 6.2（b）和（c）有较大的载荷位移比，也就是说经 10 kGy 的 γ 辐照和 $4.1×10^{18}$ m^{-2} 的中子顺次辐照后，剪切力经过较大的位移才达到材料的破坏载荷。

　　上述结果主要源于 GFRP 内部结构的变化，可以从影响 GFRP 强度的三个主要因素来分析：

　　（1）玻璃纤维和环氧树脂界面结合程度。GFRP 中环氧树脂基体是分散介质，玻璃纤维增强材料为分散相，在增强材料与基体树脂之间还有第三相，即它

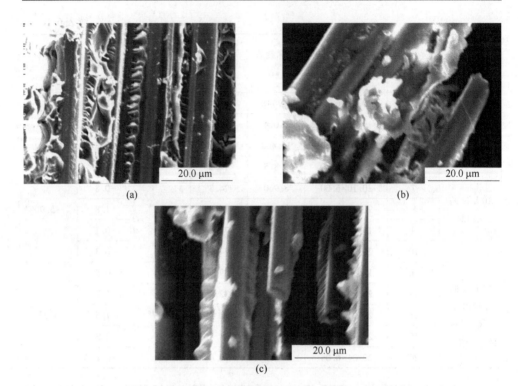

图 6.1　GFRP 板断纹剪切断口的 SEM 图像（2000×）
（a）辐照前断口；（b）γ 辐照后断口；（c）γ 和中子辐照后断口

们的界面，界面相的存在使所制成的 GFRP 板复合材料具有单独组分所不具备的性能，GFRP 板的强度高于树脂浇铸体而低于玻璃纤维。如果玻璃纤维和环氧树脂结合充分，玻璃纤维充分发挥作用，那么 GFRP 板强度就强，反之则差[68]。本试验中，辐照后断裂玻璃纤维上黏附的环氧树脂较辐照前少，这说明辐照破坏了玻璃纤维和环氧树脂之间的粘结，降低了界面强度，因此，当剪切力作用到环氧树脂时，环氧树脂不能将剪切力快速传播到增强材料玻璃纤维上，玻璃纤维不能充分发挥作用，从而影响 GFRP 板的断纹剪切强度。这与图 6.2 中载荷经过较大位移才达到材料的破坏载荷是一致的。

（2）玻璃纤维本身的强度。玻璃纤维的理论强度取决于分子或原子间的引力，其理论强度可高达 2000～12000 MPa，但由于玻璃纤维中存在着数量不等、尺寸不同的微裂纹，大大降低了玻璃纤维的强度，从而影响 GFRP 板的力学性能，因此玻璃纤维的微纤化程度也是影响 GFRP 板强度的重要因素。从 SEM 图中没有发现玻璃纤维在辐照前后的明显变化，可以认为玻璃纤维的自身强度在辐照之后并没有受到明显破坏。

（3）环氧树脂本身的强度。高分子材料在辐照过程中会产生辐照交联反应

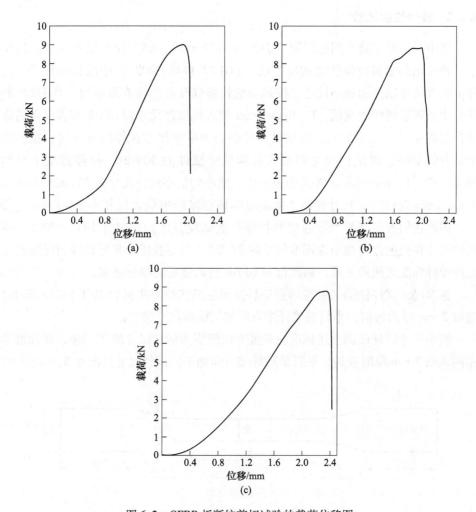

图 6.2 GFRP 板断纹剪切试验的载荷位移图

（a）辐照前的载荷位移图；（b）γ 辐照后的载荷位移图；（c）γ 和中子辐照后的载荷位移图

和辐照降解反应，这两种反应是影响聚合物性质的最基本反应。在辐照过程中，交联反应和降解反应是相伴而生的，反应的结果取决于哪种反应占优势。如果交联反应强于降解反应，则反应的最终结果是产生交联聚合物；反之，如果降解反应强于交联反应，则反应的最终结果是聚合物材料的分子量越来越小，最终失去聚合物的性质[69]。环氧树脂在辐照后出现明显碎片，说明在辐照过程中，辐照降解反应较辐照交联反应占优势，分子间作用力降低，环氧树脂内部的结合力下降，使环氧树脂更容易遭受外力的破坏，从而引起其自身剪切强度降低。这是影响 GFRP 板断纹剪切强度降低的另外一个原因。

6.1.2　拉伸性能试验

受中子辐照实验空间的限制（ϕ43 mm×49 mm），辐照拉伸试件尺寸必须小于《纤维增强塑料拉伸性能试验方法》（GB/T 1447—2005）中的标准尺寸，这样由标准尺寸试件和缩小尺寸试件得到的拉伸强度必然会有所不同。在 ITER 的试验中遇到了同样的问题，P. Rosenkranz 等人就试件尺寸对 GFRP 拉伸性能的影响曾有研究[70]，研究发现，将试件尺寸缩减为标准尺寸试件的 60% 时，拉伸强度上升约 10%，将试件尺寸缩减为标准尺寸试件的 30% 时，拉伸强度上升约 20%，但在 P. Rosenkranz 等人的试验中，缩小的最小试件尺寸为 70 mm×10 mm×4 mm（长×宽×厚），尺寸仍然不能满足本辐照试验中最大尺寸小于 49 mm 的要求，因此我们参照《纤维增强塑料拉伸性能试验方法》（GB/T 1447—2005）将试件尺寸在长度方向缩小为标准尺寸的 27.2%，并寻找缩小尺寸试件与标准尺寸试件拉伸强度之间的关系，由此推断 GFRP 板辐照后的拉伸强度。

标准尺寸试件依据《纤维增强塑料拉伸性能试验方法》（GB/T 1447—2005）选取 2 mm 厚的板材，平行玻璃纤维方向加工标准尺寸试件。

缩小尺寸试件依据上述标准在长度方向缩小为标准尺寸的 27.2%，在标准范围内选取 3 mm 厚的板材，平行玻璃纤维方向加工。试件尺寸见图 6.3。

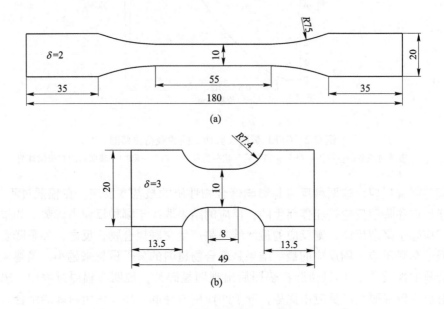

图 6.3　GFRP 板拉伸试件

（a）标准尺寸试件；（b）缩小尺寸试件

拉伸强度依据《纤维增强塑料拉伸性能试验方法》（GB/T 1447—2005）进行，加载速度为 2 mm/min，实验机为 RG300A 电子万能实验机，同样用剑桥 S-360扫描电镜（SEM）对 GFRP 板缩小尺寸试件辐照前后的拉伸断口形貌进行观察。

对辐照前 GFRP 板标准尺寸试件和缩小尺寸试件的拉伸断裂力进行测量，研究尺寸对 GFRP 板试件拉伸性能的影响，得到两种试件的拉伸强度，见表 6.2 GFRP 板辐照前的拉伸和拉伸尺寸。

表 6.2　GFRP 板辐照前的拉伸和拉伸尺寸

试件名称	断面尺寸 /mm×mm	拉伸断裂力 /N	拉伸强度 /MPa	平均拉伸强度 /MPa	标准差 /MPa	变化率 /%
标准尺寸 试件辐照前	9.92×1.84	5711	312.9	324.7	11.8	—
	10.00×1.86	6251	336.1		−11.4	
	9.92×1.84	6209	340.2		−15.5	
	10.00×1.84	5840	317.4		7.3	
	10.02×1.84	5976	317.2		7.5	
缩小尺寸 试件辐照前	9.82×3.14	5620	182.3	160.3	−22.0	−50.65
	9.68×3.22	4505	144.5		15.8	
	9.42×3.12	4680	159.2		1.1	
	9.64×3.18	4928	160.8		−0.5	
	9.34×3.14	4530	154.5		5.8	

由表 6.2 可以看出，在辐照前，标准尺寸试件的拉伸强度为 324.7 MPa，缩小尺寸试件的拉伸强度为 160.3 MPa，下降 50.6%。这是因为试验中缩小尺寸试件的夹持长度仅有 13.5 mm，远远小于标准尺寸试件 36 mm 的夹持长度，为了防止在拉伸过程中打滑脱落，增大了缩小尺寸试件的厚度，增加夹持长度至 22 mm，并加大对 GFRP 板的夹持力，这就使 GFRP 板一般从被夹持的位置开始断裂，从而使由缩小尺寸试件得到的拉伸强度远远小于由标准尺寸试件得到的拉伸强度，前者约为后者的 49.7%。

对经过 10 kGy 的 γ 辐照和 $4.1×10^{18}$ m^{-2}中子辐照后 GFRP 板缩小尺寸试件的拉伸断裂力进行测量，研究辐照对 GFRP 板拉伸性能的影响，其拉伸强度见表 6.3。

表 6.3　GFRP 板辐照后的拉伸和拉伸尺寸

试件名称	断面尺寸 /mm×mm	拉伸断裂力 /N	拉伸强度 /MPa	平均拉伸强度/MPa	标准差 /MPa	相对辐照前变化率/%
缩小尺寸试件经 γ 辐照和 4.1×10^18 m^-2 中子辐照后	9.74×3.34	4730	145.4		11.1	
	9.76×3.26	6137	192.9		−36.4	
	9.54×3.30	4029	128.0	156.5	28.5	−2.4
	9.76×3.24	5018	158.7		−2.2	
	9.70×3.12	4766	157.5		−1.0	

从表 6.3 可以看出，经过 10 kGy 的 γ 辐照和 $4.1×10^{18}$ m^{-2} 中子辐照后，GFRP 板缩小尺寸试件拉伸强度为 156.5 MPa，与辐照前的 160.3 MPa 相比，下降 2.4%。在试验条件不允许的条件下，我们假设缩小尺寸试件拉伸性能变化趋势同样适用于标准尺寸试件[71]，那么由此可以推断出，辐照后 GFRP 板的拉伸强度也要下降 2.4%，将由原来的 324.7 MPa 下降至 317.1 MPa，但仍然能够满足 BESⅢ束流管对其支撑法兰材料拉伸强度大于 113 MPa 的要求。

由 SEM 可观察 GFRP 板断口的形貌，研究辐照前后 GFRP 板内部结构的变化。图 6.4 是 GFRP 板缩小尺寸试件辐照前后拉伸断口的 SEM 图像。

从图 6.4（a）和（b）可以看出，辐照前环氧树脂的断口形貌特点是以较大片状破坏为主，而辐照后破坏形状变得较为碎小，破坏状态发生了变化。这是因为辐照作用可以使高分子材料发生辐照交联反应和辐照降解反应，这两种反应是相互独立同时存在的，在经过 10 kGy 的 γ 辐照和 $4.1×10^{18}$ m^{-2} 中子辐照后，GFRP 板中环氧树脂的降解反应处于主要地位，交联反应处于次要地位，最终结果是环氧树脂表现为辐照降解，分子链呈断裂状态，自身拉伸强度降低，使 GFRP 板的拉伸强度受其影响也呈下降趋势。

从图 6.4（a）和（b）还可以看出，玻璃纤维表面在辐照前后都比较光滑，均没有产生纤维劈裂的情况，同时从图 6.4（c）和（d）可以发现，辐照前后玻璃纤维横断面形状规则，几乎都是完整的圆形，这说明辐照并没有对玻璃纤维产生明显破坏。玻璃纤维就是把熔化后的玻璃拉成品质均匀的细丝，它的拉伸强度比其他任何纤维都高得多，它是 GFRP 板中的主要承力组分，发挥着增强环氧树脂的作用，是影响 GFRP 板拉伸强度的主要因素。如果玻璃纤维中存在微裂纹，将会极大危害玻璃纤维的强度，特别是表面的微裂纹危害最大，在外力作用下，微裂纹严重处产生应力集中而发生破坏。从 SEM 图像中看出辐照前后玻璃纤维表面状态没有明显变化，这就决定了玻璃纤维在辐照前后的拉伸性能不会有太大变化，从而 GFRP 板的拉伸强度也不会有太大变化。

对比图 6.4（c）和（d）可以看出，辐照前后玻璃纤维断口均较为平整，但辐照后出现了玻璃纤维从环氧树脂中拔出的现象，相应地，拉伸试件的另一半断

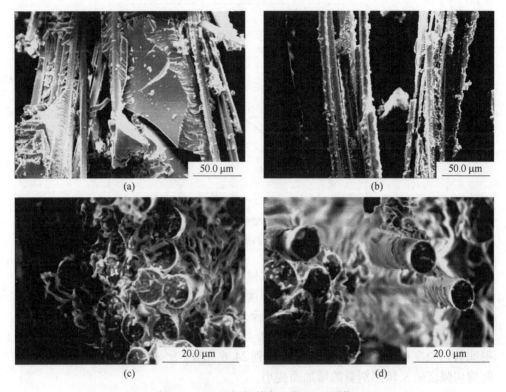

图 6.4 GFRP 板拉伸断口的 SEM 图像

(a) 辐照前 GFRP 板拉伸断口 (经向); (b) 辐照后 GFRP 板拉伸断口 (经向);
(c) 辐照前 GFRP 板拉伸断口 (纬向); (d) 辐照后 GFRP 板拉伸断口 (纬向)

口上必定存在玻璃纤维从环氧树脂中拔出时留下的孔洞, 而辐照前没有这种现象发生。这说明辐照破坏了 GFRP 板的界面相, 基体相和增强相之间的粘结强度降低, 使玻璃纤维和环氧树脂在 GFRP 板拉伸过程中产生了一定的分离, 从而影响了玻璃纤维充分发挥作用, 降低了 GFRP 板的拉伸强度。

6.1.3 层间剪切性能试验

6.1.3.1 γ 辐照作用下层间剪切试验

在 γ 辐照剂量为 0 kGy、20 kGy、100 kGy 和 200 kGy 的情况下, 研究 GFRP 的层间剪切性能随着辐照剂量增加的变化规律。根据《纤维增强塑料性能测试方法总则》(GB/T 1446—2005)、《纤维增强塑料层间剪切强度试验方法》(GB/T 1450.1—2005) 设计试验试件和夹具, 力学试验选用仪器为 WDW200D 型号微机控万能材料实验机, 测得剪切载荷、剪切面积后根据层间剪切强度计算公式逐个计算层间剪切强度, 经剔除粗大误差后, 得到试件平均层间剪切强度随辐照剂量变化如图 6.5 所示。

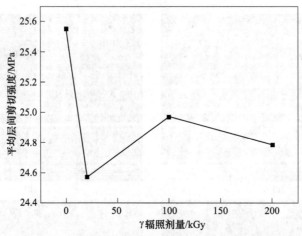

图 6.5 试件平均层间剪切强度随 γ 辐照剂量变化

从图 6.5 中可以看出，未辐照时试样平均层间剪切强度为 25.6 MPa，经过 20 kGy 剂量 γ 辐照处理后，层间剪切强度由 25.6 MPa 减小到 24.4 MPa，减小了 4.36%；经过 100 kGy 剂量 γ 辐照处理后，层间剪切强度相比 20 kGy 剂量时增加到 24.9 MPa，但比未辐照仍然减小了 2.45%；经过 200 kGy 剂量 γ 辐照处理后，层间剪切强度相比 100 kGy 剂量时减小到 24.6 MPa，比未辐照减小了 3.60%，层间剪切强度随 γ 辐照剂量的增加而变小。

6.1.3.2 混合辐照作用下层间剪切试验

在混合辐照作用下 GFRP 的层间剪切性能试验参考国家标准《纤维增强塑料性能测试方法总则》（GB/T 1446—2005）和《纤维增强塑料层间剪切强度试验方法》（GB/T 1450.1—2005）进行，选用的仪器为中国原子能科学研究院提供的 CMT5504（50 kN）万能材料实验机，试验分组分别为未辐照、7.9 kGy 的 γ 辐照和 $4.1×10^{18}$ m^{-2} 的中子辐照、16 kGy 的 γ 辐照和 $8.2×10^{18}$ m^{-2} 的中子辐照、160 kGy 的 γ 辐照和 $8.2×10^{19}$ m^{-2} 的中子辐照，以及 1600 kGy 的 γ 辐照和 $8.2×10^{20}$ m^{-2} 的中子辐照，混合辐照下 GFRP 层间剪切试验结果如表 6.4 所示。

表 6.4 混合辐照下 GFRP 层间剪切试验结果

辐照剂量	样本编号	截面尺寸 /mm²	破坏载荷 /kN	层间剪切 强度/MPa	平均层间 剪切强度 /MPa	变化率 /%
未辐照	1	300.50	7.264	24.173	24.3	—
	2	299.00	6.798	22.736		
	3	299.45	8.145	27.200		
	4	299.80	6.967	23.239		
	5	299.70	7.215	24.074		

辐照剂量	样本编号	截面尺寸/mm²	破坏载荷/kN	层间剪切强度/MPa	平均层间剪切强度/MPa	变化率/%
7.9 kGy 的 γ 辐照和 4.1×10¹⁸ m⁻² 的中子辐照	1	299.90	7.015	23.391	22.5	−7.36
	2	299.70	7.704	25.706		
	3	300.10	6.906	23.012		
	4	300.50	6.272	20.872		
	5	299.90	5.924	19.753		
16 kGy 的 γ 辐照和 8.2×10¹⁸ m⁻² 的中子辐照	1	299.40	5.693	19.015	22.0	−9.78
	2	299.60	6.596	22.016		
	3	299.70	6.442	21.495		
	4	300.00	6.569	21.896		
	5	300.10	7.610	25.358		
160 kGy 的 γ 辐照和 8.2×10¹⁹ m⁻² 的中子辐照	1	299.60	4.791	15.990	16.6	−31.76
	2	299.60	4.547	15.177		
	3	299.30	5.147	17.197		
	4	298.30	5.316	17.821		
	5	300.10	5.056	16.848		
1600 kGy 的 γ 辐照和 8.2×10²⁰ m⁻² 的中子辐照	1	299.80	3.197	10.664	8.8	−63.75
	2	300.50	2.325	7.737		
	3	300.50	1.976	6.576		
	4	299.80	2.917	9.730		
	5	299.00	2.812	9.405		

由表6.4可以看出，辐照后各组试件的平均层间剪切强度相对于未辐照的24.3 MPa，分别降为22.5 MPa、22.0 MPa、16.6 MPa 和 8.8 MPa，分别下降了7.36%、9.78%、31.76%和63.75%平均层间剪切强度随着 γ 和中子辐照剂量的增加而降低，并且随着 γ 和中子辐照剂量的增大，平均层间剪切强度减小的趋势更加显著。

经单一 20 kGy 剂量 γ 辐照处理后，层间剪切强度由未辐照时的 25.6 MPa 减小到 24.4 MPa，比未辐照减小了 4.36%；经过 200 kGy 剂量 γ 辐照处理后，层间剪切强度减小到 24.6 MPa，比未辐照减小了 3.60%；在 16 kGy 的 γ 辐照和 8.2×10¹⁸ m⁻² 的中子辐照下，层间剪切强度由未辐照前的 24.3 MPa 减小到22.0 MPa，下降了 9.78%；在经过 160 kGy 的 γ 辐照和 8.2×10¹⁹ m⁻² 的中子辐照后，剪切强度下降到 16.6 MPa，下降了 31.76%。由此可知，γ 辐照作用对层间剪切强度的影响值为 3.98%，中子辐照作用对层间剪切强度的影响值为 16.79%，中子辐照对层间剪强度的影响要大于 γ 辐照对层间剪切强度的影响，约为 γ 辐照影响值的 4 倍，混合辐照作用中中子辐照占主导因素。

6.1.4　压缩性能试验

6.1.4.1　γ 辐照作用下压缩性能试验

γ 辐照作用下 GFRP 压缩性能试验参照国家标准《纤维增强塑料压缩性能试验方法》（GB/T 1448—2005）进行，仪器为中国原子能科学研究院提供的 CMT5504（50 kN）微机控万能材料实验机，试验分组分别为未辐照、20 kGy 的 γ 辐照和 200 kGy 的 γ 辐照，得到试件平均压缩强度随辐照剂量变化如图 6.6 所示。

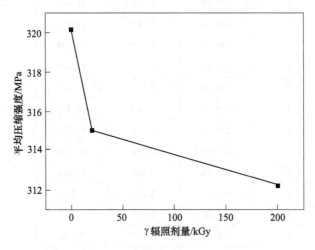

图 6.6　试件平均压缩强度随 γ 辐照剂量变化

由图 6.6 可以看出，未辐照时试样平均压缩强度为 320.2 MPa，经过 20 kGy 剂量 γ 辐照处理后，压缩强度减小到 315.1 MPa，减小了 1.61%；经过 200 kGy 剂量 γ 辐照处理后，压缩强度减小到 312.3 MPa，比未辐照减小了 2.47%，压缩强度随 γ 辐照剂量的增加而变小。

6.1.4.2　混合辐照作用下压缩性能试验

混合辐照作用下 GFRP 压缩性能试验参照国家标准《纤维增强塑料压缩性能试验方法》（GB/T 1448—2005）进行，仪器为中国原子能科学研究院提供的 CMT5504（50 kN）微机控万能材料实验机，试验分组分别为未辐照、7.9 kGy 的 γ 辐照和 4.1×10^{18} m^{-2} 的中子辐照、16 kGy 的 γ 辐照和 8.2×10^{18} m^{-2} 的中子辐照、160 kGy 的 γ 辐照和 8.2×10^{19} m^{-2} 的中子辐照，以及 1600 kGy 的 γ 辐照和 8.2×10^{20} m^{-2} 的中子辐照，试验结果如表 6.5 所示。

表 6.5 混合辐照下 GFRP 压缩试验结果

辐照剂量	样本编号	截面尺寸 /mm²	破坏载荷 /kN	压缩强度 /MPa	平均压缩强度 /MPa	变化率 /%
未辐照	1	99.60	34.191	343.283	315.6	—
	2	99.80	29.891	299.509		
	3	100.20	32.517	324.521		
	4	99.40	30.499	306.831		
	5	100.00	30.406	304.060		
7.9 kGy 的 γ 辐照和 4.1×10¹⁸ m⁻² 的中子辐照	1	99.60	20.259	203.404	225.5	−28.54
	2	99.60	23.927	240.227		
	3	100.00	20.579	205.790		
	4	99.80	21.831	218.747		
	5	99.80	21.044	210.857		
16 kGy 的 γ 辐照和 8.2×10¹⁸ m⁻² 的中子辐照	1	99.60	21.543	216.295	213.6	−32.13
	2	100.40	22.784	226.932		
	3	99.80	21.893	219.367		
	4	100.20	19.796	197.565		
	5	99.60	20.799	207.827		
160 kGy 的 γ 辐照和 8.2×10¹⁹ m⁻² 的中子辐照	1	99.80	21.913	219.569	212.7	−32.60
	2	99.80	21.586	216.291		
	3	100.20	20.429	203.882		
	4	99.80	20.877	209.193		
	5	100.20	20.764	207.226		
1600 kGy 的 γ 辐照和 8.2×10²⁰ m⁻² 的中子辐照	1	100	10.070	100.699	94.5	−70.06
	2	99.80	8.455	84.719		
	3	100.00	10.088	100.880		
	4	99.60	10.767	108.100		
	5	100.20	8.848	88.301		

由表 6.5 可以看出，相较于未辐照时试件的平均压缩强度 315.6 MPa，辐照后各组试件的平均压缩强度分别下降为 225.5 MPa、213.6 MPa、212.7 MPa 和 94.5 MPa，分别下降了 28.54%、32.13%、32.60% 和 70.06%，平均压缩强度随着辐照强度的增大而减低，并且随剂量增大，平均压缩强度减小趋势明显。

在经过 20 kGy 和 200 kGy 的单一 γ 辐照处理后，GFRP 的压缩强度由辐照前的 320.2 MPa 分别降低为 315.1 MPa 和 312.3 MPa，相比于未辐照分别下降了

1.61%和2.5%；在16 kGy的γ辐照和$8.2×10^{18}\,m^{-2}$的中子辐照下，压缩强度由辐照前的315.6 MPa下降到213.6 MPa，下降了32.1%；在经过160 kGy的γ辐照和$8.2×10^{19}\,m^{-2}$的中子辐照后，压缩强度下降到212.7 MPa，下降了32.6%。由此可知混合辐照下对平均压缩强度的影响值为32.4%，γ辐照作用下对平均压缩强度的影响值为2.0%，中子辐照作用下对平均压缩强度的影响值为30.3%。中子辐照对平均压缩强度的影响远大于γ辐照对平均压缩强度的影响，混合辐照作用中中子辐照占主导因素，可以计算出中子辐照对压缩强度的影响是单一γ辐照对压缩强度影响的15倍。

6.1.5　拉-拉疲劳性能试验

参照标准《纤维增强塑料层合板拉-拉疲劳性能试验方法》（GB/T 16779—2008），设计拉-拉疲劳试件尺寸，试验设备选取 EA-10 型号电液伺服疲劳试验机，分别在 0 kGy、20 kGy、100 kGy 和 200 kGy 的γ辐照剂量下展开试验，图6.7 所示为 GFRP 的 S-N 曲线，可见在开始阶段即静应力阶段和低周疲劳阶段（循环次数约10^{4}之前），在循环次数 N 一定的情况下，随着辐照剂量的增大，拉伸应力不断减小（或者拉伸应力一定的情况下，随着辐照剂量的增大，循环次数不断减小）。说明当循环次数 $N<10^{4}$ 时，辐照对 GFRP 疲劳寿命的影响比较明显。当循环次数 $N \geqslant 10^{4}$ 时，不同γ辐照剂量条件下 S-N 曲线差别不大，甚至有逐渐重合的趋势。说明在高周疲劳阶段，辐照对 GFRP 的疲劳寿命的影响不大。

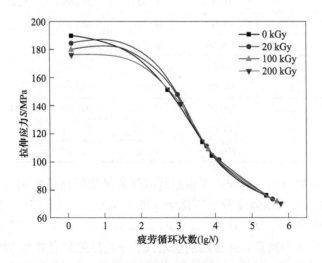

图 6.7　不同剂量γ辐照下 GFRP 试件 S-N 曲线

6.2 辐照作用下玻璃纤维增强复合材料热性能

6.2.1 导热系数试验

参照标准《纤维增强塑料导热系数测试方法》（GB/T 3139—2005）分别对接受 0 kGy、20 kGy、100 kGy 和 200 kGy 剂量 γ 辐照的试件进行导热系数测试，选用仪器 XIATECH TC3100 导热系数仪，试验环境温度为 60 ℃，比热容为 0.1 kJ/(kg·K)，试验电压为 1.7 V，采集时间为 1 s，表 6.6 所示为不同 γ 辐照剂量下 GFRP 的导热系数。

表 6.6 不同 γ 辐照剂量下 GFRP 的导热系数

剂量/kGy	序号	导热系数/W·(m·K)⁻¹	平均值/W·(m·K)⁻¹	变化率/%
0	1	0.7054		
	2	0.7073		
	3	0.7058	0.706	—
	4	0.7069		
	5	0.7061		
20	1	0.5396		
	2	0.5354		
	3	0.5385	0.540	−23.6
	4	0.5418		
	5	0.5388		
100	1	0.6667		
	2	0.6678		
	3	0.6669	0.668	−5.5
	4	0.6663		
	5	0.6680		
200	1	0.6949		
	2	0.6953		
	3	0.6955	0.694	−1.5
	4	0.6953		
	5	0.6945		

由表 6.6 可知，辐照前的 GFRP 导热系数为 0.706 W/(m·K)，经 20 kGy、100 kGy 和 200 kGy 剂量 γ 辐照后的 GFRP 的导热系数分别为 0.540 W/(m·K)、0.668 W/(m·K)、0.694 W/(m·K)，降低了 23.6%、5.5%、1.5%。

在 GFRP 中，环氧树脂起粘结玻璃纤维的作用，它的排布和玻璃纤维的分布紧密相关，未辐照前的环氧树脂体系和玻璃纤维本身结构完整并且结合紧密。GFRP 内形成了由导热粒子相互接触而构成的通路，由于 GFRP 内本身的热阻巨大，热流将沿着最小的导热粒子网链或通路由高温向低温方向传递，因此，基体及界面对其影响很大。

辐照后环氧树脂发生降解，在 20 kGy 的 γ 辐照后导热系数降低最多，原因在于 GFRP 中的环氧树脂辐照后部分降解，环氧树脂的碎片化削弱了玻璃纤维之间、玻璃纤维和环氧树脂的联系，因此材料出现间隙和气孔。一般情况下，气体热导率低于固体材料，气体进入材料后会导致 GFRP 的整体导热系数下降，而 γ 辐照剂量为 100 kGy 和 200 kGy 时，环氧树脂进一步发生降解反应，但产生的碎片相对之前更多，环氧树脂树脂碎片填入到之前的空隙中，从宏观上来看环氧树脂的整体密度降低但是局部密度增加。空隙的减少增加了局部导热链和导热网，热传导途径的增加降低了整体的热阻，使导热系数升高。综上所述，辐照会使 GFRP 中的环氧树脂降解，从而破坏 GFRP 材料内部的导热网络，一定剂量下的 γ 辐照会使 GFRP 中的结构不均匀性增强，出现很多空隙，从而进入气体，热导性能大幅降低，辐照剂量的继续增大会减小这种结构不均匀性，但是辐照后的材料结构相对辐照前都是更加无序和混乱，这也是 GFRP 辐照后导热系数均降低的原因。

6.2.2　热膨胀系数试验

热膨胀性能是物体的体积或长度随着温度升高而增大的物理性质。为了防止在高能物理和核物理试验环境下支撑材料 GFRP 发生热变形，对辐照条件下材料热膨胀性能变化的研究就尤为重要，参照标准《纤维增强塑料平均线膨胀系数试验方法》（GB/T 2572—2005）分别对接受 0 kGy、20 kGy、100 kGy 和 200 kGy γ 辐照的试件进行热膨胀系数测试，选用德国耐驰公司生产的 DIL 402PC 热膨胀测试仪，如图 6.8 为 GFRP 在 γ 辐照前后的材料热膨胀数据曲线。

由图 6.8 可以看出，辐照前 GFRP 的线性热膨胀区间为室温~75 ℃，而辐照后 GFRP 的线性热膨胀区间缩小了 10 ℃ 左右到室温~65 ℃。所以针对室温~75 ℃ 的区间分析，图 6.8（a）为 γ 辐照前 GFRP 的热膨胀系数图，在室温~75 ℃ 之间 GFRP 基本是线性膨胀，线性拟合此温度区间的 dL-T 曲线，直线斜率经过计算得到为 7.04×10^{-4}，利用热膨胀系数定义公式，可以计算出它的线膨胀系数，辐照前 GFRP 的线膨胀系数在室温~75 ℃ 的温度区间内为 $2.80 \times 10^{-5}\ ℃^{-1}$。图 6.8（b）~（d）中其他三组剂量用相同的方法计算可得其值分别为 $2.60 \times 10^{-5}\ ℃^{-1}$、$2.60 \times 10^{-5}\ ℃^{-1}$、$2.62 \times 10^{-5}\ ℃^{-1}$。

影响 GFRP 的热膨胀系数的主要因素是环氧树脂、玻璃纤维及二者之间的界

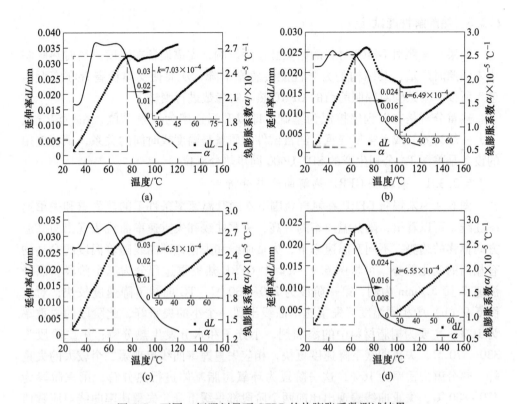

图 6.8 不同 γ 辐照剂量下 GFRP 的热膨胀系数测试结果

（a）未辐照 GFRP 试件的热膨胀系数；（b）20 kGy 剂量辐照 GFRP 的热膨胀系数；
（c）100 kGy 剂量辐照 GFRP 的热膨胀系数；（d）200 kGy 剂量辐照 GFRP 的热膨胀系数

面相。据以前的研究可得，经 γ 辐照后，虽然辐照降解反应和辐照交联反应同时发生，但是 GFRP 中的辐照降解反应占主导地位，而 γ 辐照主要对环氧树脂产生影响，环氧树脂经辐照产生很多碎片。一方面，环氧树脂的碎片化削弱了玻璃纤维之间、玻璃纤维和环氧树脂的联系，因此材料出现间隙，使结构疏松；另一方面，辐照后的空隙被环氧树脂碎片填入，由于辐照使一部分材料降解，所以即使空隙填入环氧树脂碎片，GFRP 和未辐照前相比密度减小，温度升高引起的材料体积膨胀，碎片化的材料膨胀长度肯定小于致密材料的膨胀长度，因此辐照后 GFRP 热胀系数降低。

辐照会使 GFRP 的环氧树脂降解，从而破坏 GFRP 材料内部结构，使结构不均匀性增强，出现很多空隙，材料致密性降低，从而使其线膨胀系数降低。GFRP 的热膨胀系数相比于金属材料很小，辐照后热膨胀系数进一步减小使得 GFRP 一直维系很低的热膨胀系数，这可以保证支撑设备在辐照后温度变化时保持形状不变。

6.2.3　热降解性能试验

如果 γ 辐照对 GFRP 材料的耐热性产生影响，支撑设备在温度升高时热降解比未辐照时严重，其结构的力学性能会急剧下降，从而使支撑设备存在安全隐患。所以，本试验对辐照前后的 GFRP 热降解参数进行测试。

热重分析是在以程序控温为基础，即以升温速率为衡量单位，在一定气氛下，一般为氮气或者空气气氛，测量试件的质量与温度或时间的关系，试验使用的设备是美国 TA 公司生产的 SDT-Q600 同步热分析仪。

6.2.3.1　未辐照 GFRP 热解曲线与分析

图 6.9 为未辐照 GFRP 在氮气氛围下不同升温速率条件下的热失重和失重速率曲线。可以看出，随升温速率的升高，失重曲线和失重速率曲线表现出向高温方向偏移的趋势，不同升温速率下，失重曲线和失重速率曲线随着温度的升高均有相同的变化趋势，可将图 6.9（a）中 GFRP 热失重过程分为三个阶段，以升温速率 10 ℃/min 为例，第一阶段为 200~330 ℃，TG 曲线下降速度较快，对应图 6.9（b）中相同温度下失重速率曲线出现一个小的失重峰，此阶段的失重率为 10%，主要为树脂材料中的添加剂、小分子和水分发生热分解；第二阶段为330~470 ℃，失重曲线下降速度更快，相应失重速率曲线出现第二个较大的失重峰，热分解失重率为 16%，这一阶段为环氧树脂基体进行热分解；第三阶段为470~800 ℃，失重曲线表现出比前两个阶段都平缓下降，失重速率曲线对应数值接近于零，该阶段失重率仅为 8%，主要为环氧树脂热分解后产生的小分子发生进一步降解。

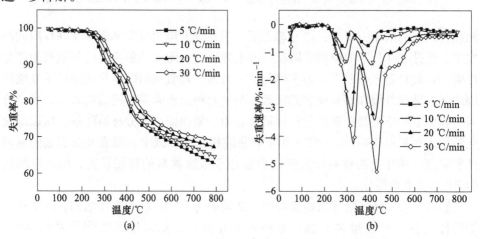

图 6.9　未辐照 GFRP 不同升温速率下的失重曲线和失重速率曲线

（a）失重曲线；（b）失重速率曲线

从图 6.9 还可以看出，GFRP 在不同升温速率下达到终温时的失重率不尽相同，升温速率越高，失重率越小，升温速率为 5 ℃/min 时，失重率最大，为 37.6%，升温速率为 30 ℃/min 时，失重率最小，为 31.0%。但从图 6.9（b）可以看出，由于热滞后的特性，材料的失重速率随升温速率的升高而明显增大。

从图 6.9（a）还可以看出，GFRP 在不同升温速率下达到终温时的失重率不尽相同，升温速率越高，失重率越小，升温速率为 5 ℃/min 时，失重率最大，为 37.6%，升温速率为 30 ℃/min 时，失重率最小，为 31.0%。但从图 6.9（b）可以看出，由于热滞后的特性，材料的失重速率随升温速率的升高而明显增大。

6.2.3.2 辐照后 GFRP 热解曲线与分析

辐照剂量越高，材料在终温时的失重率越高。未辐照 GFRP 的失重率为 31.1%，而经 20 kGy、100 kGy 和 200 kGy 辐照后样品的失重率分别为 33.1%、35%、35.5%，比未辐照样品的失重率分别增加了 2%、3.9% 和 4.4%。辐照对 GFRP 的热失重速率并没有产生太大影响。

表 6.7 为升温速率 10 ℃/min 时辐照前后的 GFRP 热性能参数，初始分解温度（IDT）为材料失重率达到 5% 时的温度，T_{max} 为失重速率曲线峰值处对应的温度，即材料失重最快时的温度，失重速率曲线两个峰值分别对应 T_{max1} 和 T_{max2}。可以看出，当 γ 辐照剂量从 0 上升至 20 kGy、100 kGy、200 kGy 时，GFRP 的 IDT 从 289.1 ℃ 下降至 287.9 ℃、286.8 ℃、281.8 ℃，辐照使 GFRP 的初始分解温度略有降低。从表 6.7 还可以看出，辐照前和 20 kGy、100 kGy、200 kGy 辐照后的 GFRP 第一个峰值 T_{max1} 均在 300 ℃ 左右，第二个峰值 T_{max2} 均在 410 ℃ 左右，可见辐照对 GFRP 的 T_{max} 没有明显影响。

表 6.7 辐照前后 GFRP 热失重性能参数

辐照剂量/kGy	分解温度/℃	T_{max1}/℃	T_{max2}/℃
0	289.1	299.6	409.0
20	287.9	302.3	410.3
100	286.8	305.7	411.0
200	281.8	296.6	410.3

6.2.4 活化能计算模型

考虑到 GFRP 在不同升温速率下的失重率均不超过 40%，并且有部分失重率小于 35%，故取 $\alpha = 0.05 \sim 0.30$ 分析 GFRP 热分解的动力学特性，以升温速率 10 ℃/min 为例，该失重率范围对应的温度区间为 250~600 ℃，即 GFRP 热分解过程的主要阶段。利用 Friedman 法和 FWO 法求得的在不同辐照剂量下等转化率分布，通过线性拟合计算不同失重率下各直线斜率，得到 GFRP 热分解的活化能参数如表 6.8 所示，可以看出，在辐照剂量一定时，虽然 Friedman 法和 FWO 法计算得到的活化能绝对值不尽相同，但其变化趋势完全一致，均为随着温度的升高先减小后增大再减小，且在 α 为 0.20 时达到最大值。

表 6.8　Friedman 法和 FWO 法计算活化能

方　法	α/%	γ 辐照剂量/kGy			
		0	20	100	200
Friedman 法	5	104.2	111.5	136.3	115.1
	10	72.4	75.8	88.8	92.5
	15	141.9	140.5	148.0	149.5
	20	152.0	156.0	169.3	171.5
	25	84.4	97.7	100.5	121.1
	30	21.9	24.3	25.1	49.7
	平均值	96.1	101.0	111.3	116.6
FWO 法	5	111.1	108.9	137.3	121.6
	10	96.5	102.3	120.7	130.2
	15	128.2	128.2	128.9	132.0
	20	149.6	152.7	166.0	170.3
	25	96.7	94.3	97.3	102.4
	30	63.6	65.9	84.3	95.9
	平均值	107.6	108.7	122.4	125.4

结合失重率的三个变化阶段分析活化能的变化规律，在 α 为 0.05~0.10 的第一阶段（200~330 ℃）中活化能减小，这是因为当 α = 0.05 温度接近 250 ℃ 时，各分子物呈聚合态，分子链处于完整状态，需要较多能量才能将其分解，而当 α = 0.10 温度达到 300 ℃ 时，GFRP 中的小分子、添加剂和水分均已基本分解结束，因此活化能减少；在 α 为 0.10~0.20 的第二阶段中（330~470 ℃）活化能增加，这一阶段主要是热稳定性较强的环氧树脂基体进行分解，因此所需能量大于第一阶段；在 α 为 0.20~0.30 的第三阶段中（470~800 ℃）活化能减小，这是因为随着 GFRP 温度升高，势能也升高，所以达到分解所需能量降低，同时，在相同失重率下，活化能随辐照剂量增大而增大。

图 6.10 是 10 ℃/min 升温速率下 GFRP 辐照前后的 DSC 曲线图，可以看出，在 221.8 ℃ 到 346.7 ℃ 之间有一个放热峰，且随着 γ 辐照剂量从 0 增加到 20 kGy、100 kGy、200 kGy，相应放热峰面积依次从 281.9 J/g 减小为 251.1 J/g、242.9 J/g、202.4 J/g，可认为在 γ 辐照作用下，GFRP 在 200 ℃ 到 350 ℃ 之间发生了固化反应，GFRP 在制作时肯定存在部分环氧树脂未完全固化，所以放热峰

的出现表示未固化树脂发生固化反应，而辐照也能促进环氧树脂固化反应，所以随着辐照剂量增加，升温时的放热峰面积越小，这是因为辐照已经完成一部分固化反应。同时，深入的固化反应使碳链之间的交联增多，打开这些交联需要的能量升高，这也进一步解释了活化能随辐照剂量增加而增加的现象。

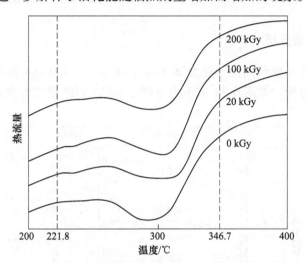

图 6.10　GFRP 辐照前后的 DSC 曲线图

6.3　辐照作用下玻璃纤维增强复合材料电绝缘性能

在辐照前和 γ 辐照剂量分别为 20 kGy、100 kGy、200 kGy 的条件下测试 GFRP 的电绝缘性能，参照《固体绝缘材料体积电阻率和表面电阻率试验方法》（GB/T 1410—2006），选用常州安柏精密仪器有限公司生产的 AT683 绝缘电阻测试仪，试件尺寸为 10 mm×10 mm×3 mm，测得 GFRP 试件的平均电阻分别为 2.21×10^{14} Ω、4.23×10^{14} Ω、6.26×10^{14} Ω 和 1.15×10^{15} Ω，相应的平均电阻率分别为 8.16×10^{12} Ω·m、1.588×10^{13} Ω·m、2.313×10^{13} Ω·m 和 4.315×10^{13} Ω·m，与未辐照试件相比，经 20 kGy、100 kGy、200 kGy 的 γ 辐照后，GFRP 平均电阻率分别升高了 94.3%、183.5% 和 428.8%，平均电阻率随辐照剂量的增加而变大。

GFRP 平均体积电阻率随辐照剂量的增加而增加，并且经过线性拟合后发现曲线与试验结果的相关系数很高，公式为：

$$y = 1.614 \times 10^{11} x + 9.63 \times 10^{12} \tag{6.1}$$

式中，x 为 γ 辐照剂量，其线性相关系数为 0.9843。这个公式可以用来预测 GFRP 在一定 γ 辐照剂量下体积电阻率。

而无论辐照剂量为多少 GFRP 试件的平均电阻均远远高于 10 MΩ 的高能物理实验要求，满足使用条件。

6.4　辐照作用下玻璃纤维增强复合材料性能微观机理

6.4.1　红外光谱分析

在辐照前和 γ 辐照剂量分别为 20 kGy、100 kGy、200 kGy 的条件下对 GFRP 进行红外光谱分析，如图 6.11 所示为 γ 辐照前后 GFRP 的红外光谱图。

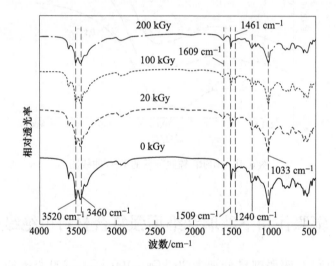

图 6.11　γ 辐照前后 GFRP 红外光谱图

可以发现四组曲线的特征峰没有位置的变化且没有新的特征峰生成。由于 γ 辐照主要影响 GFRP 中的环氧树脂，所以这可以说明在环氧树脂中无新的化学键产生；但是在 1000 cm^{-1}、1500 cm^{-1}、3500 cm^{-1} 附近特征峰的强度有了明显的变化，其特点是随着 γ 辐照剂量增加，特征峰强度减弱。这说明这三个峰对应的化学键在 γ 辐照后发生断裂。那么结合二者分析，可以推断出辐照使环氧树脂内部化学键断裂，对应分子链分解。3520 cm^{-1} 和 3460 cm^{-1} 处有两个小的距离很近的吸收峰，根据对应基团频率判断是伯酰胺 N-H 伸缩振动，而随着辐照剂量增加，这两个小的吸收峰强度减弱，这说明化学键部分断裂；2965 cm^{-1} ~ 2880 cm^{-1} 的吸收峰是饱和 C-H 伸缩振动，峰强度基本没有变化；1609 cm^{-1}、1509 cm^{-1} 和 1461 cm^{-1} 的吸收峰是苯环上的 C═C 伸缩振动峰，随辐照剂量增加也发生了明显的减弱；而 1300 ~ 1030 cm^{-1} 是酯谱带，谱带宽而强，在这之间有两个明显的吸收峰，在 1033 cm^{-1} 处的吸收峰对应的是醚键脂肪部分 R-O 伸缩振动，而在 1240

cm^{-1}处的吸收峰对应的是醚键芳香部分 Ar-O 伸缩振动。辐照剂量增加，两组吸收峰强度减弱，这意味着环氧树脂的分子链很大概率在醚键这里发生断裂。

综合上述红外光谱的分析，环氧树脂等高分子材料在辐照后发生了辐照降解反应，而辐照交联反应和辐照降解反应一般相伴相生，所以可以认为经过 γ 辐照后，GFRP 中的辐照降解反应是占据主导地位的，并且辐照剂量越大，分子链的裂解越严重，最后环氧树脂分子量越来越小，并且随着化学键的裂解，彼此之间的结合力下降，更容易被外力破坏。

6.4.2　X 射线光电子能谱分析

在辐照前和 γ 辐照剂量分别为 20 kGy、100 kGy、200 kGy 的条件下对 GFRP 进行 X 射线光电子能谱分析，如图 6.12 为 γ 辐照前后 GFRP 的 XPS 宽谱图。

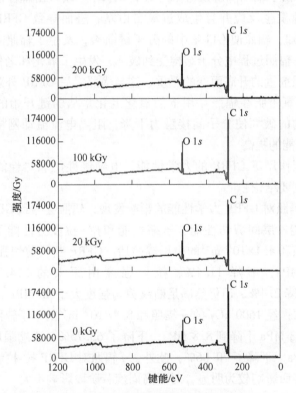

图 6.12　γ 辐照前后 GFRP 的 XPS 宽谱图

分析图 6.12 可知，其中最主要的峰为 C 峰和 O 峰，这与环氧树脂的主要化学成分为 C 和 O 相一致，其中，C 1s 在辐照前后没有明显变化，而 O 1s 峰强度随着辐照剂量的增加而不断升高，具有明显的规律性。

在 XPS 分析中，可以将观测到的 XPS 信号强度转变成元素的含量，即将

XPS 峰谱图的积分面积转换成相对应元素的含量，进而定量分析某种元素。元素的定量分析通常采用元素灵敏度因子法，对于表面清洁的样品，对于 O 元素来说，灵敏度因子为 0.780，对于 C 元素来说，灵敏度因子为 0.278。因此，对于同一样品中两种原子浓度之比可由公式（6.2）计算。

$$\frac{n_i}{n_j} = \left(\frac{I_i}{S_i}\right) \bigg/ \left(\frac{I_j}{S_j}\right) \tag{6.2}$$

在辐照前和剂量分别为 20 kGy、100 kGy、200 kGy 的 γ 辐照下，GFRP 中 O、C 元素浓度之比分别为 0.1579、0.1766、0.1811 和 0.1973，O、C 元素浓度之比随着 γ 辐照剂量的增加而升高，这可能与辐照后产生的极性官能团有关[72]，O 元素的浓度随着 γ 辐照剂量的增加而升高，说明 GFRP 发生了氧化反应。此外，γ 辐照过程中，由于辐照降解反应的存在，GFRP 中碳自由基性能非常活泼，能和氧气分子迅速发生反应并且生成过氧自由基，进而导致 GFRP 迅速氧化[73]，结合 IR 分析可知，辐照使 GFRP 中的分子键断裂，发生了辐照降解反应，由此可推断 GFRP 在辐照过程中分子结构受到破坏，发生了氧化和老化，并且氧化和老化程度随辐照剂量的升高而变的严重，这与辐照之后 GFRP 外观颜色变深相一致。GFRP 中环氧树脂在辐照作用下的氧化老化是从弱键开始的一系列化学反应，其分子结构的破坏使分子间接触力下降，阻隔电流流动网格，进一步促进 GFRP 电绝缘性能的提高。

本章对辐照作用下 GFRP 的力学性能、电绝缘性能和热性能变化进行了研究，得出如下主要结论：

（1）研究辐照对 GFRP 力学性能的影响发现，辐照会导致 GFRP 的断纹剪切性能、拉伸性能、层间剪切性能、压缩性能和拉-拉疲劳性能下降，其中，经 10 kGy 的 γ 辐照和 4.1×10^{18} m^{-2} 的中子辐照后，GFRP 断纹剪切强度由 79.8 MPa 下降到 70.7 MPa，下降 11.4%，拉伸强度由原来的 324.7 MPa 下降到 317.1 MPa，下降 2.4%，但仍然满足断纹剪切强度大于 45 MPa，拉伸强度大于 113 MPa 的要求；经 1600 kGy 的 γ 辐照和 8.2×10^{20} m^{-2} 的中子辐照后 GFRP 层间剪切强度由 24.3 MPa 下降到 8.8 MPa，下降了 63.75%，压缩强度由 315.6 MPa 下降到 94.5 MPa，下降了 70.06%；此外，γ 辐照对 GFRP 拉-拉疲劳试验低周疲劳阶段的疲劳寿命影响较为明显，对于高周疲劳阶段影响不大。

（2）研究辐照对 GFRP 热性能的影响发现，γ 辐照对 GFRP 的热性能有一定影响，随着辐照剂量的增加，GFRP 的线膨胀温度范围小幅缩小，线膨胀系数略有降低，导热系数小幅降低，热分解失重率小幅增加，活化能小幅增加。

（3）研究辐照对 GFRP 的电绝缘性能的影响发现，经 20 kGy、100 kGy 和 200 kGy 的 γ 辐照后，GFRP 的体积电阻率分别增加了 94.6%、183.5% 和 428.8%，电绝缘性能有所增强。

（4）研究辐照作用下 GFRP 力学性能和热性能变迁的微观机理发现，辐照后的 GFRP 出现环氧树脂与玻璃纤维分离且碎片化的现象，环氧树脂的辐照降解反应强于辐照交联反应，玻璃纤维表面出现裂纹；辐照后没有新的化学键生成，随着辐照剂量增加，分子链发生了大规模断裂；且 GFRP 在辐照后发生了氧化反应。

（5）研究表明辐照作用下 GFRP 的电绝缘性能有所上升，力学性能和热性能有所下降，但各项指标仍能满足束流管支撑法兰的设计要求，可以选用 GFRP 作为束流管支撑法兰制作材料。

看彩图

7 束流管冷却系统的开发研制

为保证束流管冷却的稳定性及安全可靠性，需要开发性能稳定、控制精度高、安全可靠的束流管冷却系统为束流管提供冷却所需的一定流量和一定入口温度的冷却液。我们以前文的计算为前提，以安全可靠性为基础，兼顾冷却系统的工作环境要求，对束流管冷却系统进行了开发设计。

7.1 冷却系统工作原理

为在工程使用过程中对束流管进行冷却，以及前期在实验室对束流管的设计结构进行测试，设计了束流管冷却系统。冷却系统分为一次冷却循环子系统和二次冷却循环子系统。一次冷却循环子系统是直接和束流管进行换热，带走束流管内部热负荷的系统，由于束流管的冷却采用了两种冷却介质，因此一次冷却循环子系统分为：一次冷却油循环和一次冷却水循环；一次冷却油循环提供合适流量及温度的1号电火花加工油对中心铍管进行冷却，中心铍管由于结构薄弱，需要考虑压力保护；一次冷却水循环提供合适流量及温度的去离子水对两端外延铜管进行冷却，两端冷却液流量均分。

束流管内的热负荷通过对流换热进入一次冷却油循环和一次冷却水循环，这两个一次冷却循环共用同一个二次冷却循环子系统，一次冷却循环子系统的热量通过换热器进入二次冷却循环子系统。

束流管冷却系统在工程使用时安装在 BESⅢ 大厅北侧的地下室内，地下室被屏蔽墙隔开，室内无辐射，方便设备的维护及检修。

7.1.1 一次冷却循环子系统

一次冷却循环子系统中的一次冷却油循环流程如图7.1所示，流程中各符号说明见表7.1。系统管路设计中，需要6 m长的聚氨酯管（$\phi 8.0$ mm×1.1 mm）将冷却液从束流管引出谱仪，然后转接成 $\phi 22.0$ mm×1.1 mm 的紫铜管，紫铜管到冷却系统长约20 m。

中心铍管冷却油设计工作流速为 8.0 L/min，在设计一次冷却油循环流程时，将流量调节范围上限增大至 15.0 L/min 进行管道阻力计算。一次冷却油循环中冷却液管道为1根紫铜管转接成4根聚氨酯管，然后和中心铍管进行连接。

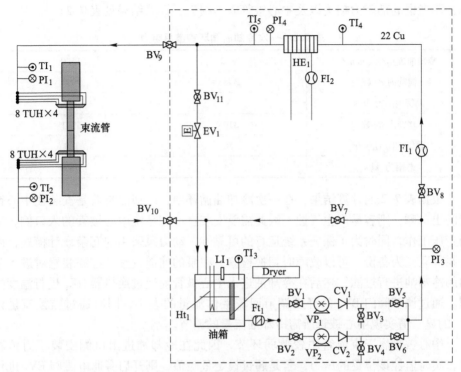

图 7.1 一次冷却油循环流程图

表 7.1 冷却循环流程图符号表

符号	设 备	符号	设 备
BV	球阀	VP	叶片泵
Ht	电加热器	HE	换热器
EV	电磁阀	CV	止回阀
TI	温度传感器	LI	超声液位计
PI	压力传感器	Ft	过滤器
FI	流量传感器	CP	离心泵

管内层流（$Re < 2300$）的管道阻力损失计算公式为：

$$h_f = \frac{64}{Re} \cdot \frac{L}{d} \cdot \frac{u^2}{2} \cdot \rho \tag{7.1}$$

式中，L 为管道长度，m；d 为管道内径，m；u 为流体速度，m/s。

管内湍流（$2300 < Re < 100000$）的管道阻力损失计算公式为：

$$h_f = \frac{0.3164}{Re^{0.25}} \cdot \frac{L}{d} \cdot \frac{u^2}{2} \cdot \rho \tag{7.2}$$

根据式（7.1）、式（7.2）对一次冷却油循环系统内的总管道阻力进行计算，不考虑局部阻力损失以及中心铍管阻力损失，计算结果见表 7.2。

表 7.2　一次冷却油循环管道总阻力

冷却油流量/L · min⁻¹	8.0	15.0
铜管内 Re 数	3943	7394
铜管内阻力/kPa	8	24
软管内 Re 数	3195	5991
软管内阻力/kPa	56	169
总阻力/kPa	64	193

　　根据表 7.2 的计算结果，在一次冷却油循环中，冷却油泵若是安装在中心铍管的出口侧，则容易产生气蚀，因此需要安装在冷却系统中心铍管的入口侧，采用正压工作，同时为了保证系统运行的可靠性，动力泵采用的冗余设计模式，两台泵并联互为备份，可以故障时切换检修。在泵的前面设置了过滤装置对进入泵内的冷却油进行过滤，然后在冷却油进入中心铍管前通过换热器 HE₁ 进行温度控制。通过调节阀门 BV₇ 的开度调节回流液体流量的大小，同时通过监控流量计 FI₁ 的显示值实现中心铍管所需冷却油流量的调节。

　　中心铍管属于束流管中较薄弱环节，因此在冷却油进出口侧安装压力传感器，实时监控该位置的压力，若是超过设定危险值，则开启旁通电磁阀 EV₁ 进行卸压保护。冷却油中若含有水分会对铍产生腐蚀作用，因此油箱内放置了硅胶脱水剂对油中的水分进行物理清除。同时对系统进行了弹性密封，既保证了系统的清洁，又使得系统压力保持了恒定。在本循环中共设置了 5 个温度测点，4 个压力测点，1 个流量测点，1 个液位测点。

　　一次冷却水循环流程和一次冷却油循环流程基本相似，一次冷却水循环流程如图 7.2 所示，流程内各符号意义见表 7.1。由于冷却水需要分别对两端的外延铜管进行冷却，因此在冷却系统内将冷却水分为了两路，冷却水的流量通过调节阀门 BV₁₈、BV₁₉、BV₂₀ 进行调节及分配。本循环中动力泵采用了冗余设计，两台泵互为备份，采用正压工作，泵前设置有过滤器，系统采用了弹性密封。根据需要共设置了 7 个温度测点，2 个压力测点，2 个流量测点，1 个液位测点。

　　一次冷却水循环中的冷却液导管为 2 根聚氨酯管转接到 1 根紫铜管。根据设计计算，冷却水流量共 8.0 L/min 时可以满足冷却要求，同样，在冷却流程设计时，将流量调节范围上限增大至 15.0 L/min 进行计算，回路中总的阻力计算结果如表 7.3 所示。各流量下管道总阻力与一次冷却油循环总阻力接近，最大流量下的管道阻力损失小于 0.2 MPa，而中心铍管的最大安全入口压力为 0.3 MPa，因此束流管冷却系统在安全系数为 3 时，设计最大工作压力为 0.3 MPa 可以满足束流管的冷却及安全要求。

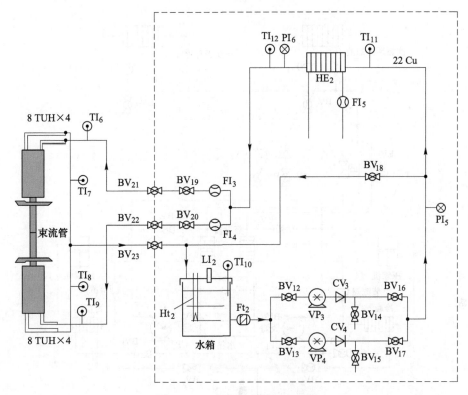

图 7.2　一次冷却水循环流程图

表 7.3　一次冷却水循环管道总阻力

冷却水流量/L·min⁻¹	8	15
铜管内阻力/kPa	5	16
软管内阻力/kPa	56	169
总阻力/kPa	61	185

7.1.2　二次冷却循环子系统

　　二次冷却循环子系统的作用是把一次冷却循环子系统中的热量带走，维持一次冷却循坏子系统的正常工作。二次冷却循坏子系统流程如图 7.3 所示，流程中各符号说明见表 7.1。二次冷却循坏子系统是由两台制冷机组成的独立的一套冷水机，两台制冷机共用一个水箱，根据设定值自动控制出水温度，这样可以保证一台制冷机在工作中出现故障时，切换到备用制冷机后出水温度可以快速达到工作温度。考虑到工程使用时，系统需安装在地下室内，散热空间不好，因此采用水冷方式对制冷机的冷凝器进行冷却。

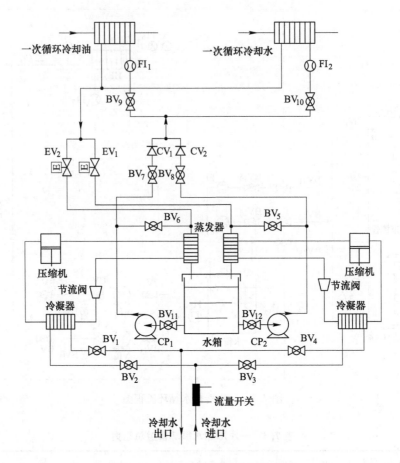

图 7.3　二次冷却循环子系统流程图

　　二次冷却循环子系统采用热气旁通阀和 PID 控制相结合实现了高精度温度控制，出水温度设定后，可以根据系统热负荷的大小自动进行制冷量调节，保证二次冷却循环水的出水温度在设定值 ±0.1 ℃ 范围内。

　　二次冷却循环子系统提供两路相同温度的冷却水分别给换热器 HE_1 和 HE_2，对一次冷却油循环和一次冷却水循环中的冷却液体进行冷却。两路冷却水流量的调节可以通过阀门 BV_5（或者 BV_6）、BV_7、BV_8 进行调节。二次冷却循环子系统中，设置了 2 个流量测点，1 个流量开关。

7.1.3　系统温度控制方案

　　束流管冷却系统中，由于束流管内部的热负荷具有不确定性和随机性特点，因此给束流管温度的控制带来了一定困难，为保证温度控制的准确性和可靠性，冷却系统采用了恒定流量、补偿功率的策略对进入束流管的冷却液温度进行控制，在束流管内部的热负荷改变时，可以保证进入束流管的冷却液温度保持在一恒定值，该控制方式降低了对系统的机械调节要求，增加了系统的可靠性。

冷却系统中采用了板式换热器进行逆流换热，冷却液在换热器内的流动方向如图 7.4 所示。在换热器的冷流体侧，即二次冷却循环子系统提供的冷却水侧，固定进入换热器的冷却水流量以及入口温度；热流体侧，即一次冷却循环子系统提供的冷却液侧，固定能满足最大热负荷冷却所需的流量，根据热平衡原理，在束流管内部热负荷变小时，只要能保证进入换热器的热流体侧入口温度保持不变，即可保证换热器的热流体侧出口温度不变，即保证冷却液进入束流管的温度不变。

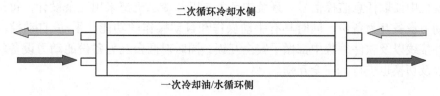

二次循环冷却水侧

一次冷却油/水循环侧

图 7.4 一次冷却循环中冷却液与二次冷却循环中冷却液的热交换方式

在一次冷却水循环和一次冷却油循环中的冷却液容器内安装了电加热器用来补偿束流管内部热负荷的变化，采用 PID 控制电加热器功率维持了冷却液容器内的温度不变，保证了换热器入口侧的温度恒定，PID 温度控制精度为 $\pm 0.1\ ℃$。油箱内的电加热器功率最大为 250 W，用来补偿中心铍管内部热负荷的波动。水箱内的电加热器功率为 500 W，用来补偿外延铜管内部热负荷的波动。加热器的设计中，考虑到安全因素，油箱内加热器最大功率时表面温度低于 $60.0\ ℃$，即低于 1 号电火花加工油的闪点，避免引起火灾或爆炸事故；水箱内的电加热器最大功率时表面温度低于 $80.0\ ℃$，低于水的沸腾温度，避免产生气泡。

冷却液容器内温度精度为 $\pm 0.1\ ℃$，即换热器的热流体侧入口的温度控制精度；冷却水出口温度控制精度为 $\pm 0.1\ ℃$，即换热器冷流体侧的入口温度控制精度。在流量不变时，热流体侧出口温度，即进入束流管的冷却液温度控制精度理论上在 $\pm 0.2\ ℃$ 范围内。

7.2 冷却系统自动控制

束流管冷却系统运行的可靠性主要是通过自动控制系统实现的，自动控制包括了硬件现场控制和软件远程监控两部分。

7.2.1 冷却系统控制过程

在数据监控中，除了需要监控冷却系统中的温度、压力、流量、液位外，束流管外壁的温度是主要监控参数，也是我们控制的主要目标。根据要求，在束流管外壁非中心铍管段设置了 16 个温度检测点，呈对称分布，每侧 8 个温度测点。

　　冷却系统的自动控制过程如图 7.5 所示。PLC 接收来自温度变送器和各测量显示仪表的 DC 4~20 mA 模拟信号、冷水机报警的开/关量信号、手动/自动互锁开/关量信号以及上位机的控制信号等，然后经过内部程序的判断，控制冷水机和泵的启停、安全电磁阀的开关、发出各类报警信号，以及控制调功器的输出改变电加热器的补偿功率。其中 PLC 内部经判断产生的主要报警信号通过 PLC 控制继电器的开/关直接传送给上一级控制系统——慢控制系统，上位机中运行的监控软件可以对 PLC 内采集的信号远程实时显示，慢控制系统可以通过网络从上位机中读取任意监控信号。系统中动力泵以及冷水机都采用冗余设计，每组两台动力设备互为备份，同时具有手动操作和自动操作的功能，手动/自动控制在硬件接线以及软件编程中都做了安全互锁，同时对两台互为备份的动力设备的运行以及切换也进行了安全互锁。

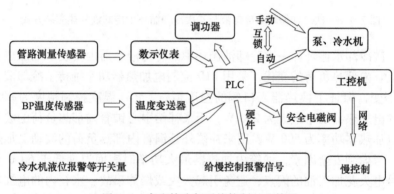

图 7.5　束流管冷却系统控制过程简图

7.2.2　冷却系统逻辑控制

　　冷却系统的可靠性保证及自动化控制主要是通过现场的可编程控制器实现的。

7.2.2.1　可编程控制器

可编程控制器（PLC）是一种数字运算操作的电子系统，专为在工业环境应用而设计的。PLC 采用可编程的存储器，用来在其内部存储执行逻辑运算、顺序控制、定时、计数和算术运算等操作指令，并通过数字式和模拟式的输入输出，控制各种类型的机械生产过程。

　　可编程控制器经过二十多年的发展，已日臻完善，和传统的继电接触控制相比，它具有以下优点[74]：

（1）由于采用了大规模集成电路和计算机技术，因此可靠性高、逻辑功能强，且体积较小。

（2）在需要大量中间继电器、时间继电器和计数器的场合，PLC 无需增加硬件设备，利用微处理器及存储器的功能，就可以很容易地完成这些逻辑组合和运算，并大大减少了复杂的接线，从而降低了控制成本。

（3）PLC 采用软件编程来完成控制任务，所以随着要求的变更对程序的修改显得十分方便。

（4）PLC 采用了面向用户的梯形图编程，从用户角度来看，它已不具有计算机编程的复杂性，编程变得轻而易举。

（5）PLC 是在恶劣的工业环境下运行的，因而它的设计原则是高可靠性、高抗干扰能力，坚固耐用和密封性好，其平均无故障时间约为 5 万小时，可经受 1000 V/μs 矩形脉冲的干扰。

（6）PLC 的输入输出端口可以和工业现场的强电信号相接，如交流 220 V，直流 24 V，并可直接驱动功率部件（一般负载电流为 2 A）。

（7）PLC 一般具有模块结构，可以针对不同的控制对象进行组合和扩展，以满足不同的工业控制需要。

（8）PLC 具有完善的监控及诊断功能，内部工作状态、通信状态、I/O 点的状态及异常状态均有醒目的显示，维修人员可以及时准确地发现和排除故障，大大缩短了维修时间。

7.2.2.2　西门子 PLC 选型

西门子可编程控制器是目前工业控制领域较为常用的可编程控制器之一，它以可靠的使用性能，稳定的工作状态在工业控制中发挥了巨大作用。束流管冷却系统采用西门子公司生产的 S7-200 系列 PLC 进行控制，束流管冷却系统需要和 PLC 进行通信的模拟量输入信号有：26 个温度信号，4 个压力信号，5 个流量信号，2 个液位信号，共 37 个信号；模拟量输出信号 2 个。开关量输入 14 个，开关量输出 17 个。

由于 S7-200 系列每个 CPU 最多只能扩展 7 个模块，可以扩展的最大模拟量输入通道为 28 个。因此冷却系统中采用了两个 CPU 一起工作，两个 CPU 之间通过 PROFIBUS 线缆进行连接，其中一个作为工作主站，另外一个作为工作从站进行数据交换[75]。

7.2.2.3　硬件控制功能

根据束流管冷却系统的功能需要，采用梯形图语言对 PLC 的执行顺序及逻辑控制进行了编程，主要实现了以下功能：

（1）开关量检测：包括二次冷却循环子系统中制冷机的冷凝器冷却用水的检测；冷却系统中手动/自动状态的检测；冷水机水箱内液位低报警；水泵、油泵的手动操作状态。

（2）开关量控制：根据检测的系统流量、温度、压力、液位与设定的限值进行比较，然后控制油泵、水泵、冷水机与备用件之间的切换。同时在中心铍管进出口压力过高时，控制旁通电磁阀的开启保护中心铍管。

（3）模拟量检测：束流管外壁温度 16 个测点检测，冷却系统管路中温度、压力、流量、液位的检测。

（4）模拟量的控制：油箱/水箱内电加热器的加热功率控制。

（5）报警处理：关键点的温度、压力报警，系统冷却液流量报警，液位报警；冷水机水箱内液位报警，束流管外壁温度报警，动力部件故障报警。任意报警发生均伴随声光报警。

7.2.3　冷却系统远程监控

束流管冷却系统中，辅助 PLC 进行控制的上位机中运行的人机交互监控系统是以图灵开物公司的组态软件 ControX2000 为平台进行开发的。

7.2.3.1　ControX2000 组态软件

近 20 年来，随着计算机软硬件技术的发展，计算机新技术在自动化控制系统中的应用越来越多。同时，人们对工业自动化的要求也越来越高。过去由于控制系统硬件的限制，人们首先考虑的是实现过程控制中的控制策略，也就是如何控制的问题。现今控制系统的前端控制器已经能够满足人们在各种生产场合下的控制需要。用户的注意力也转移到了如何更有效的管理生产现场控制系统，尤其是工厂一级的生产控制系统，在使用先进的控制系统的基础上进一步提高生产效率，获得更多的商业利益。

通用工业监控软件正是在这一时期出现的一种先进的工业控制用软件包，它融过程控制设计、现场操作以及工厂资源管理于一体，将一个企业内部的各种生产系统和应用以及信息交流汇集在一起，实现最优化管理。

目前，一个先进的监控软件不仅要对众多的现场控制器和其他现场智能部件进行控制和监视，操作时具有高性能和高可靠性，以及随时对各种突发事件做出反应，不丢失任何数据和报警信息，而且要协助使用者连接工厂现有的平台和应用，使它们协调运转，以优化工厂一级的管理。一个功能强大的工业监控软件必须在用户需要的时候将工厂最底层的信息实时地传送到控制中心，并使各种信息在全厂范围内传递。

ControX2000 通用监控软件正是为满足上述要求而设计的，基于 Microsoft Windows 98、Windows 2000、Windows NT 操作系统的 ControX2000 软件包内部采用真正的 Client/Server 体系结构，用户可以在企业所有层次的各个位置上及时获得系统的实时信息，无论是在控制现场还是在办公室内，可以进行交互式的操作，让操作者和管理人员做出快捷有效的决策。ControX2000 会使用户极大地增强其生产线能力，提高工厂的生产力和效率，提高产品的质量和减少成本及原材料的消耗。它适用于从单一设备的生产运营管理和故障诊断，到网状结构的分布式大型集中监控管理系统的开发[76]。

7.2.3.2 监控界面开发

上位机的作用是远程显示检测数据和辅助 PLC 进行控制。在冷却系统中，我们采用组态软件 ControX2000 作为监控界面开发平台，开发了束流管冷却系统上位机监控系统。

由于 PLC 工作中两个 CPU 属于主从站通信关系，而 PLC 与上位机直接通信时，上位机也是作为主站进行通信，这样则组成了复杂多主站通信，使得 ContorX2000 与 PLC 之间的通信变得复杂和困难，需要自己编写通信协议，加大了开发和维护难度，针对这一问题，我们采用 OPC 技术解决了这一问题。OPC 是一种用于过程控制的对象链接与嵌入技术，是一种规范，是在工业控制和生产自动化领域中使用的硬件和软件之间的接口标准[77]。ControX2000 可以作为 OPC 的客户端支持 OPC 规范，西门子也提供了专门针对 S7-200 系列 PLC 使用的 OPC Server，即 PC Access，这样通过 OPC 以第三方通信协议的方式实现了 ControX2000 和西门子 S7-200 之间的间接通信，使得调试简单，性能可靠，降低了维护难度，同时 OPC 的使用使得与网络上其他计算机之间的数据通信变得更加容易。

在 ControX2000 组态软件基础上开发的束流管冷却设备计算机监控系统共分为以下界面：主界面 1 个；监控界面 5 个，包括设备监控中心、报警监控中心、一次循环冷却油监控、一次循环冷却水监控、束流管外壁温度监控；参数设置界面 3 个，包括运行参数设置、系统报警参数设置、束流管外壁温度报警参数设置；实时/历史曲线界面各 12 个，包括 5 个温度曲线界面、2 个压力曲线界面、3 个流量曲线界面、1 个液位曲线界面、1 个补偿功率曲线界面；其他界面 3 个，包括用户的添加删除、用户操作事件记录、报表查询与打印。其中主界面如图 7.6 所示。

束流管冷却设备计算机监控系统主要有以下功能：

（1）对设备运行情况、关键数据进行实时显示。

（2）参数报警处理。

（3）对报警限值和一些设定值通过上位机进行修改，对泵及冷水机的开启以及准备状态可以通过上位机来完成。

（4）对系统运行时间、泵和冷水机的运行时间进行计算显示，泵和冷水机运行时间设定上限值、超时切换检修。

（5）上位机死机或重启不影响 PLC 的运行，重启前后数据保持、设备运行时间不受影响，只是需要定时进行网络校时。

(a)

(b)

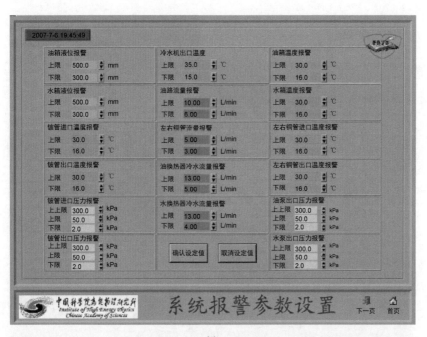

(c)

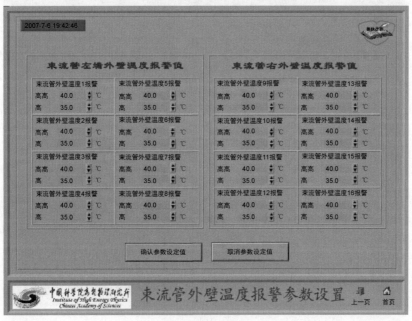

(d)

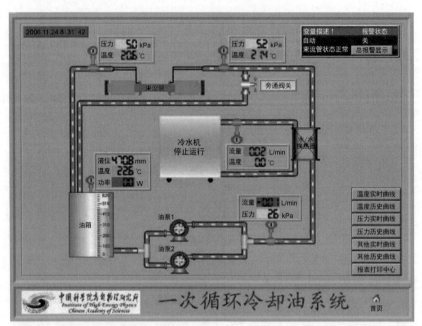

(e)

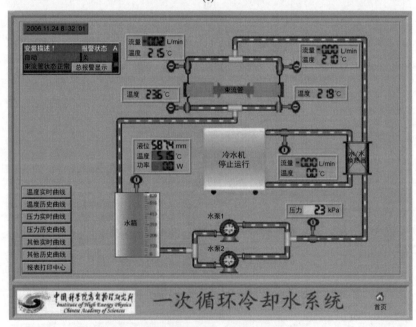

(f)

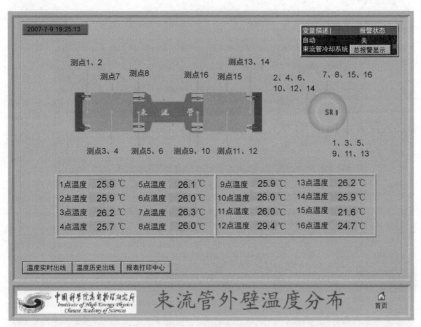

(g)

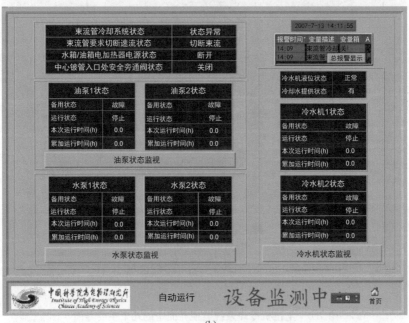

(h)

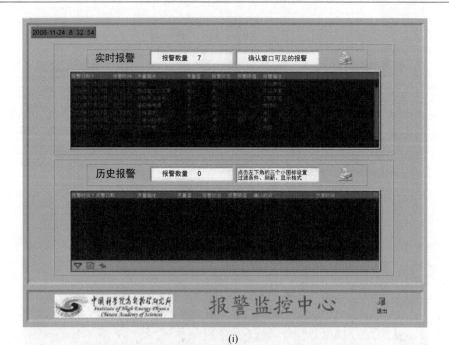

(i)

(j)

图 7.6　上位机冷却系统监控界面中的几个主要界面

（a）监控系统主界面；（b）运行参数设置界面；（c）系统报警参数设置界面；
（d）束流管外壁温度报警参数设置界面；（e）一次循环冷却油系统界面；
（f）一次循环冷却水系统界面；（g）束流管外壁温度分布显示界面；（h）设备监控中心界面；
（i）报警监控中心界面；（j）中心铍管进出口温度实时曲线显示界面

（6）设置了不同用户不同的操作权限，共分三个级别：管理员、普通用户、匿名登录用户，任何用户的操作都会进行纪录。

（7）系统对采集数据进行定时保存供查询，目前数据存储时间为1年，数据存储量小于6 GB，设定好保存时间长度后，若是历史数据的时间与当前时间差超过保存时间，将会被删除，同时将监控系统和 Office Access 数据库进行了连接，把关键数据存储在 Access 数据库中方便备份及查阅。

7.2.4 冷却系统与中控的通信

束流管冷却系统作为 BEPC Ⅱ 慢控制系统中的一个子系统，需要与慢控制总系统进行实时通信，通信信号按重要程度分为硬件信号和软件信号，冷却系统重要信号均采用硬件传输，按照约定发送给慢控制系统的 PLC 一个高电平或低电平来表示，最高级故障硬件信号采用了反逻辑控制，可以在掉电等异常情况下对系统进行保护。

其他信号作为软件信号采用了网络传输，OPC 技术作为一种工业标准，具有较广泛的使用范围[78]，慢控制系统的上位机使用 LabView 开发的监控系统通过 DataSocket 可以支持 OPC 标准协议[79]。因此 PC Access 作为 OPC Server，慢控制系统上位机可以通过网络对 PC Access 内的数据根据需要进行读取，从而实现数据的网络传输，解决了不同软件之间的数据传输问题。

7.3 冷却系统的设备选型

冷却系统的流程设计和参数计算完成后，需要对其中主要的设备进行选型，从而组装成整个冷却系统。

7.3.1 泵

冷却系统中油泵和水泵选用意大利 FLUID-O-TECK 公司生产的 TMOT1001 型叶片泵，该型号的泵适合油用和水用，要求液体过滤精度高于125 μm，其流量-压力特性曲线为图 7.7 中的 F-F 曲线。

该型号的泵最大流量为 20.0 L/min，最大出口压力为 0.8 MPa，电机功率为 750 W，根据前期的初步计算，该型号的泵满足束流管的冷却要求，其优点是：

（1）自带安全旁通回路，当出口压力高于设定值时旁通阀打开进行卸压保护；

（2）叶片为石墨材料，工作中不需润滑；

（3）磁力驱动，无密封件，因此无泄漏危险；

（4）使用寿命长，运转平稳。

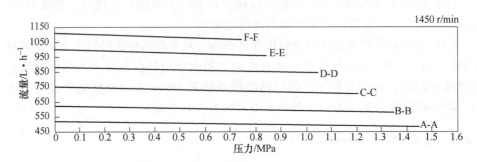

图 7.7　叶片泵流量-压力特性图

7.3.2　换热器

为了对束流管进行高效冷却，冷却系统对换热器性能提出了较高的要求。系统中选择瑞士 SWEP 公司的高效率、结构紧凑的板式换热器，采用逆流换热，其换热工作原理如图 7.8 所示。

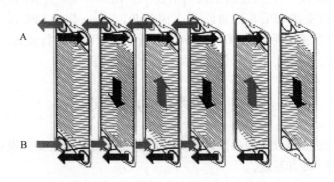

图 7.8　逆流式板式换热器工作原理图

根据冷却系统中的冷却要求，选择以下两种换热器作为冷却系统中的工作换热器。

（1）油/水换热器。油/水换热器为一次冷却油循环中使用的换热器，选用型号为 B10H×30/1P-SC-S（4×1″），长×宽×高 = 80.6 mm×117.0 mm×287.0 mm。设计工况：热流体侧油流量为 0.236 kg/s，进口温度 21.0 ℃，出口温度 19.0 ℃；冷流体侧水流量 0.25 kg/s，进口温度 17.0 ℃，出口温度 17.9 ℃。换热面积 0.896 m²，换热量 0.988 kW。

（2）水/水换热器。水/水换热器为一次冷却水循环中使用的换热器，选用型号为 B10H×20/1P-SC-S（4×1″），长×宽×高 = 57.2 mm×117.0 mm×287.0 mm。设计工况：热流体侧水流量为 0.29 kg/s，进口温度 21.0 ℃，出口温度 19.0 ℃；

冷流体侧水流量 0.25 kg/s，进口温度 17.0 ℃，出口温度 19.3 ℃。换热面积 0.576 m²，换热量 2.43 kW。

7.3.3 二次冷却循环冷水机

冷却系统内总的热负荷为：

$$P_总 = P_{水泵} + P_{油泵} + P_H + P_S + P_A \tag{7.3}$$

式中，$P_{水泵}$ 为水泵工作带入系统的热负荷，W；$P_{油泵}$ 为油泵工作带入系统的热负荷，W；P_H 为系统最大高次模辐射热量，W；P_S 为系统最大同步辐射热量，W；P_A 为其他进入系统的热负荷，W。

取所用磁力驱动叶片泵的效率为 90%，泵的出口流量 18.0 L/min，出口最大压力按 0.3 MPa 计算。由于整个系统属于密闭循环，因此泵带入系统的总热量约等于泵的实际输入功率[80]：

$$P_{水泵} = \frac{P_{out}V}{\eta_p} = 100 \text{ W} \tag{7.4}$$

式中，P_{out} 为泵的出口压力，Pa；V 为泵的出口流量，m³/s；η_p 为泵的效率。

同理，$P_{油泵} = P_{水泵} = 100$ W。

为了尽量减少环境温度对系统内总热负荷的影响，系统中金属管道外均包有厚 10 mm 热导率小于 0.05 W/(m·K) 的保温材料，P_A 估测最大取 50 W，则系统中总的热负荷约为 1146 W，为保证完全将系统中的热负荷带走，选择了制冷量为 2500 W 的冷水机。

根据冷却系统二次冷却循环子系统设计流程，非标设计了二合一式冷水机组，即两台冷水机合而为一，制冷设备为两套共用一个水箱。该冷水机组本身带有控制保护系统，可以对水箱液位进行缺水报警和液位低限停机自保护，在热负荷达不到额定制冷量或者变化时，通过 PID 控制调节和热气旁通阀的使用，可以控制出水温度在设定温度 ±0.1 ℃，冷却水出口温度设定范围为 10.0~25.0 ℃。

7.3.4 测量仪表

冷却系统中各测量仪表及其传感器选择如下：

（1）液位传感器：型号为 Honeywell943-180E，测量误差为 0.3%，量程为 60.0~500.0 mm；

（2）液位显示仪表：型号为 XSE 增强型单输入通道数字式，显示误差为 0.05%FS，可以输出 DC 4~20 mA 的电流信号；

（3）压力传感器：型号为 MS-2 型，测量误差为 0.25% FS，量程为 0.0~0.3 MPa；

（4）压力显示仪表：型号为 XST 系列单输入通道数字式，基本误差为

±0.2% FS，可以输出 DC 4~20 mA 的电流信号；

（5）流量传感器：型号为 LWGY-10 涡轮传感器，1.0 级精度，量程为 0.2~1.2 m³/h(3.33~20.0 L/min)，与泵的流量匹配；

（6）流量显示仪表：型号为 XSJ 系列流量积算仪，基本误差小于 0.2% FS，可以输出 DC 4~20 mA 的电流信号；

（7）温度传感器：型号为 Pt100（0 ℃时阻值为 100 Ω 的铂电阻）热电阻温度传感器，A 级精度，测量误差为±(0.15+0.002|t|)，采用不锈钢封装；

（8）温度显示仪表：型号为 XST 系列单输入通道数字式，基本误差为±0.2% FS，可以输出 DC 4~20 mA 的电流信号；

（9）温度变送模块：型号为 RWBDG 系列，量程为 0.0~50.0 ℃，用来将束流管外壁温度的测量值转变为 DC 4~20 mA 的电流信号。

7.3.5　其他设备

（1）工控机：研华 610H 型，Pentium 4 CPU 2.4 GB，512 MB 内存，80 GB 硬盘，网卡。

（2）控制柜：包括继电器、熔断保险、空气开关、指示灯、开关旋钮、按钮等。

（3）调功器：TPR-2 型 220 V 单相调功器，控制输入 DC 4~20 mA，调节电压范围为 45~220 V，额定电流为 25 A。

7.4　冷却液导管耐辐射性能

束流管位于谱仪的中心位置，其周围装有许多设备及导线，且管道弯转空间小，束流管冷却液的导管在谱仪内的安装尺寸及位置非常受限制，因此冷却液导管在进入谱仪后采用软管连接。BEPCⅡ工作时，在谱仪内部存在以 γ 和中子为主的辐射，而聚氨酯材料是耐 γ 辐射及电子束辐射老化性能最好的几种材料之一[81]，因此计划选用日本 SMC 公司生产的聚氨酯管作为冷却液导管。

由于各厂家生产的聚氨酯材料的添加成分不同，导致了聚氨酯管的耐辐射性能不同，尚未见关于聚氨酯材料耐中子辐射性能的研究[82,83]。而束流管冷却液用软管的工作位置在谱仪内部，位置十分特殊，不允许冷却液有任何泄漏，因此选择了两种不同的聚氨酯管分别接受辐射，然后对辐射前后的样品通过压力试验确定两种聚氨酯管的耐辐射性能。

所选两种软管分别是：TUH 系列聚酯型硬聚氨酯管，规格为 φ8.0 mm×1.1 mm；TUS 系列聚醚型软聚氨酯管，规格为 φ8.0 mm×1.5 mm。为模拟使用时的情况，将两种软管在接受辐射时进行了弯曲。每种聚氨酯管分别各取 4 根样品

接受 γ 辐射，且在接受 γ 辐射的样品中各取 2 根接受中子辐射。

7.4.1 试验条件

在十年使用期内，根据物理上的模拟计算，BESⅢ内的聚氨酯管将会接受约 10^4 Gy 的 γ 辐射剂量和 $4.068×10^{18}$ m^{-2} 的中子辐射剂量。对于聚氨酯管在 BESⅢ 内接受十年辐射的工况，不可能进行实际时间长度的试验，因此以吸收相同的辐射剂量为前提进行加速辐射试验。

γ 辐射是在军事医学科学院放射与辐射医学研究所提供的 ^{60}Co γ 射线点源中进行的，空气氛围，试验中选择的吸收剂量率为 13.6 Gy/min，吸收剂量为 10^4 Gy。

中子辐射是在中国原子能科学研究院反应堆工程研究设计所的重水反应堆中进行的，空气氛围，试验中选择的中子通量密度为 $2×10^{17}$ m^{-2}/s，累计辐射剂量为 $4.068×10^{18}$ m^{-2}。

采用浙江海门试压泵厂生产的 2SYL 型手动试压泵对辐射前后的样品在各个测试点的耐压性能进行测试，随后采用浙江海门试压泵厂生产的 2DL 型电动试压泵对样品进行破坏试验。

7.4.2 试验结果分析

对 TUH 系列聚氨酯管和 TUS 系列聚氨酯管经 γ 及中子辐射前后的样品进行耐压性能试验和破坏试验。TUH 系列聚氨酯管的最高使用压力出厂标定为 0.8 MPa（-20 ~ 20 ℃），TUS 系列聚氨酯管的最高使用压力出厂标定为 0.5 MPa（-20 ~ 40 ℃），耐压性能考察点根据两种聚氨酯管的使用压力范围确定。

耐压测试时，每个测试点保压 5.0 min，无泄漏为正常，测试温度保持在（24.0±2.0）℃，然后在接受辐射的每组两根样品内取一根进行破坏试验。TUH 系列聚氨酯管的 γ 辐射、γ 加中子辐射以及未辐射样品的压力测试试验结果如表 7.4 所示，TUS 系列聚氨酯管的 γ 辐射、γ 加中子辐射以及未辐射样品的压力测试试验结果如表 7.5 所示。

表 7.4 TUH 系列聚氨酯管辐射前后耐压性能比较

软 管	0.4 MPa	0.6 MPa	0.8 MPa	破坏压力/MPa
未辐射样品	无泄漏	无泄漏	无泄漏	4.6
γ 辐射后样品 1	无泄漏	无泄漏	无泄漏	4.4
γ 辐射后样品 2	无泄漏	无泄漏	无泄漏	—
γ+中子辐射后样品 1	无泄漏	无泄漏	无泄漏	4.4
γ+中子辐射后样品 2	无泄漏	无泄漏	无泄漏	—

表 7.5　TUS 系列聚氨酯管辐射前后耐压性能比较

软　管	0.3 MPa	0.4 MPa	0.5 MPa	破坏压力/MPa
未辐射样品	无泄漏	无泄漏	无泄漏	2.0
γ 辐射后样品 1	无泄漏	无泄漏	无泄漏	2.0
γ 辐射后样品 2	无泄漏	无泄漏	无泄漏	—
γ+中子辐射后样品 1	弯曲处断裂			
γ+中子辐射后样品 2	弯曲处断裂			

　　通过表 7.4 和表 7.5 可以看出，TUH 系列聚氨酯管接受 γ 及中子辐射后耐压测试点性能正常，但 γ 辐射后破坏压力比未辐射样品降低 4.3%，中子辐射后破坏压力与只有 γ 辐射时相比没有变化；TUS 系列聚氨酯管接受 γ 辐射后耐压测试点性能及破坏压力均未发生变化，但接受中子辐射后发生了老化断裂。因此，通过比较最终选择 TUH 系列硬聚氨酯管作为谱仪内冷却液导管。

7.5　冷却系统的组装测试

7.5.1　束流管模型件的加工

　　因为束流管冷却系统本身属于全新非标设计，其运行性能和控制策略需要一定的实验支持，必须依托束流管模型件进行实验验证，确定其各项运行参数，所以，为了配合束流管冷却系统的研制，需要加工制作束流管模型件。此外，依托束流管模型件进行实验研究，可以验证束流管模型建立的可靠性和结构设计的合理性，以保证束流管的高度可靠性[84]；同时，因为束流管的真空薄壁夹层结构对加工工艺提出了较高的要求，束流管模型件的加工制作可以为正式件的加工提供宝贵的经验，并作为 BEPCⅡ 束流调试运行时正式束流管的替代品。

　　由于铍本身价格昂贵，又具有一定的毒性，因此，在束流管模型件的制作过程中，用放大腔的材料防锈铝（5A06）代替内铍管和外铍管的材料，称之为内铝管和外铝管，同时由于银镁镍合金的造价较高，40 mm 长的过渡银环由35 mm 铝环和 5 mm 银环代替，其余各部件材料与正式铍管相同。

　　束流管模型件由中国运载火箭技术研究院航天材料及工艺研究所进行加工制作，比例为 1∶1，图 7.9 为束流管模型件（铝）照片。

7.5.2　冷却系统的组装测试

　　为了兼顾冷却系统实验和工程双重使用的要求，束流管冷却系统实行了集成化设计制作，整体装置尺寸为：长×宽×高 = 2700 mm×1200 mm×2005 mm，总重量不超过 640 kg，整体装置采用四个可以承载 800 kg 以上的万向脚轮支撑，方便

图 7.9　束流管模型件（铝）

搬运。

图 7.10（a）所示为冷却系统装置在实验室的照片，在完成测试和实验后，冷却系统装置搬至安装位置——北京谱仪大厅北侧地下室，图 7.10（b）为冷却系统装置在工程现场就位后的照片。束流管与冷却系统联接时，先用 6 m ϕ8 mm×1.1 mm 的聚氨酯管引出谱仪，然后用 20 m ϕ22 mm×1.1 mm 的铜管与冷却系统连接。图 7.11 为 BEPC Ⅱ 束流调试运行中，冷却系统对位于对撞区的束流管模型件进行冷却的照片，束流管上连接着聚氨酯管，此时 BES Ⅲ 的子探测器均没有安装。

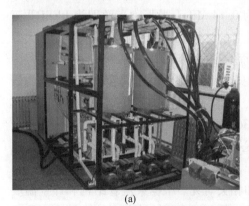

(a)　　　　　　　　　　　　　　　　　　(b)

图 7.10　束流管冷却系统装置

(a) 冷却系统装置在实验室；(b) 冷却系统装置在工程现场

对束流管冷却系统的测试表明：

（1）受束流管最高入口绝对压力 0.4 MPa 的限制，一次冷却循环油最大流量为 15.0 L/min，一次冷却循环水最大流量为 15.0 L/min，满足理论计算的

图 7.11　束流调试运行中冷却系统对束流管模型件进行冷却

8 L/min 的流量要求。

（2）当束流管内壁的热负荷在 0~750 W 变化时，测试得到进入束流管的冷却介质的温度控制精度在 ±0.3 ℃ 内，实验台的搭建在 8.1 节中进行介绍。根据第 3 章的理论计算知，当束流管冷却介质入口温度恒定时，漂移室内筒的内壁温度可以控制在 292.81~293.87 K，因此，在 BEPCⅡ运行中，可以将漂移室内筒内壁温度控制在 292.51~294.17 K，满足要求的（293±2）K。

（3）在 BEPCⅡ束流调试运行中，测得中心铍管和外延铜管的出口表压力为 0.04 MPa，即中心铍管的出口绝对压力为 0.14 MPa，此压力参数即为 BEPCⅡ正式运行时中心铍管的出口压力。由 4.2.4 节的计算知，束流管各零部件的最大等效应力随着冷却介质出口压力的增大而增大，冷却介质的出口绝对压力为 0.15 MPa 时，束流管中心铍管、铝放大腔、过渡银环、外延铜管和真空法兰的最大等效应力分别为 34.7 MPa、6.72 MPa、5.02 MPa、9.07 MPa 和 24.4 MPa，其相应的屈服强度为 240 MPa、205 MPa、360 MPa、300 MPa 和 380 MPa，其安全系数为 6.9，所以对于 BEPCⅡ运行中中心铍管 0.14 MPa 的出口绝对压力，束流管的安全系数大于 6.9。

本章介绍了束流管冷却系统的研制和相关研究。根据束流管结构和外壁温度的控制要求，设计计算了束流管冷却参数，研制了束流管冷却系统，结合可编程逻辑控制器和远程上位机的监控系统对束流管冷却系统中的温度、压力、流量等参数进行采集显示并控制。

（1）针对束流管内辐射热负荷的不确定性和随机性，采用恒流量、补偿功率的控制策略开发了束流管冷却系统，并对冷却系统中进入 BESⅢ内的冷却液用聚氨酯导管进行了 γ 及中子辐射试验研究，选择耐辐射性能较好的 TUH 系列的聚氨酯管作为冷却液导管。

（2）冷却系统中所有动力部件均采用冗余设计，同时配合 PLC 自动控制和远程上位机基于组态软件 ControX2000 开发的监控系统，实现了束流管冷却系统的安全可靠运行及冷却液温度的高精度控制。

8 束流管实验

8.1 热源模拟及温度测量方法

实验中需要对束流管内部存在的高次模热负荷和同步辐射热负荷进行模拟，模拟热源的要求是尽量接近实际工作状态。测量壁面温度，热电偶直接焊接方式在各种测量方式中，传感器与壁面实际温度之间的导热热阻最小，精度最高，但中心铝管部分的壁面较薄，而且束流管模型件在实验后需要连接到储存环上为对撞机的前期束流调试服务，为了保证束流管内壁的超高真空要求，不能采用焊接方式进行壁面温度测量。因此采用了线性度较好，精度较高的 Pt100 薄膜热电阻感温元件测量壁面温度，该感温元件的长×宽×高 = 1.5 mm×2.5 mm×1.0 mm，其高度主要为陶瓷基底高度。

由于受到测温条件、热源模拟条件的限制，以及所关注的重点不同，将实验测量分为了两次进行，即束流管外壁温度整体测量及热源模拟和中心铝管部分内外壁温度测量及热源模拟。

8.1.1 束流管外壁温度整体测量及热源模拟

高次模辐射采用石英辐射加热管模拟，加热电阻阻值为 73.5 Ω，最大功率 600 W，通过变压器改变加热管两端的电压调节加热功率，在最大功率 600 W 时，石英辐射加热管壁面温度高达 600 ℃。实验中通过设计制作的支架把石英辐射加热管架在束流管内孔中心处，其加热段长度与束流管长度相同，石英辐射管位置如图 8.1 所示。但由于辐射场的存在，内壁温度采用溅射在陶瓷基底上的 Pt100 热电阻感温元件测量将会造成较大误差，因此在该热源模拟条件下，只能进行外壁温度的测量。

同步辐射采用的加热面宽 2.0 mm 厚 0.1 mm 的电加热带模拟，贴在束流管内壁侧面，加热段长度和束流管长度相同，加热功

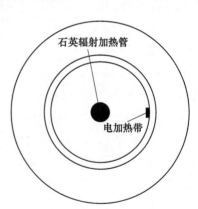

图 8.1　模拟高次模辐射的石英辐射加热管和模拟同步辐射的电加热带位置示意图

石英辐射加热管

电加热带

率通过变压器调节，在加热带表面温度低于 100.0 ℃时，功率可达 200 W。由于同步辐射能量随束流交叉角的变化分布不同，因此实验中按同步辐射最大时的情况进行模拟，模拟同步辐射的电加热带位置如图 8.1 所示。外延铜管冷却水流动方式为左进右出，同步辐射位置在外延铜管的冷却水出口侧。

实验过程中束流管内部抽成真空，真空度约为 10^{-3} Pa，在此真空度下束流管内部的自然对流传热可以忽略，只考虑石英辐射加热管的辐射作用，可使分布在束流管内壁的热功率更加均匀。两端电流引出线采用 914AB 胶进行密封，导线在密封部分完全裸露后直接与密封胶接触保证了较高的真空度。

在束流管的外壁面共粘贴 28 片 A 级精度的 Pt100 热电阻感温元件，根据测试重点，以及外延铜管的对称性，束流管外壁温度测点的分布如图 8.2 所示。其中 2、5 截面上每个截面 0°、180°位置各 1 个温度测点；1、4、8、9 截面上每个截面 0°、90°、180°各 1 个温度测点；3、6、7 截面上每个截面 0°、90°、180°、270°各 1 个温度测点。束流管外壁温度测量实验台如图 8.3 所示。

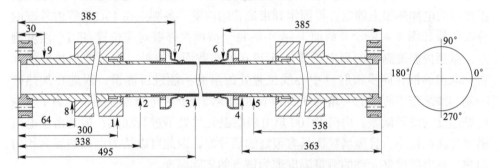

图 8.2　束流管模型件外壁温度测点分布图

图 8.3　束流管外壁温度测量实验照片

8.1.2　中心铝管部分内外壁温度测量及热源模拟

　　高次模辐射通过电加热膜来进行模拟，电加热膜厚度 0.1 mm，加热长度 200.0 mm，在此条件下可以进行内外壁温度测量。由于束流管内壁表面积较大，而且内部空间较小，大面积的制作安装电加热膜存在很大困难，而且中心铝管部分的内外壁温度是关注的重点，因此只对中心铝管部分进行了热源模拟及内外壁温度测量。加热膜周向均布于中心铝管整个内壁，加热功率通过 DH1718E 型双路跟踪稳压电源进行调节，调节范围为 0~189 W。

　　同步辐射采用有效加热面宽 2.0 mm 厚 0.1 mm 的电加热带模拟，贴在束流管内壁侧面，加热段长度与模拟高次模辐射的加热膜相同，发热功率通过稳压电源调节，在加热带表面温度低于 100.0 ℃时，功率可达 70 W。

　　为了测量中心铝管部分的内外壁温度分布，在束流管中心铝管内外壁面对应位置共粘贴 16 片 A 级精度 Pt100 热电阻感温元件。Pt100 热电阻感温元件先在模拟热源的电加热膜上固定，再固定到束流管的内壁，各测点在中心铝管内外壁的分布位置如图 8.4 所示，截面 1~4 中的每个截面内外壁对应位置各两个温度测点，截面内温度测点的周向位置在 5 和 6 轴向截面位置处。由于电加热带的存在，电加热带（同步辐射）中心线位置处的温度不能进行测量，因此在加热带一侧与加热带中心线的夹角为 6°的位置处固定测温元件进行温度测量。为了减少内壁温度的测量误差，内壁 Pt100 热电阻感温元件处不进行加热，但是由于电阻温度片面积较小，且金属壁面具有很好的热导率，因此可以认为电加热膜为均匀加热，热电阻感温元件的测量温度即为该点的实际温度。

　　电加热膜在中心铝管内壁的相对位置如图 8.4 所示，通过导热性能良好的导热硅胶将加热膜粘贴到内壁，然后通过内部的橡胶气囊充气使之压紧在内壁表

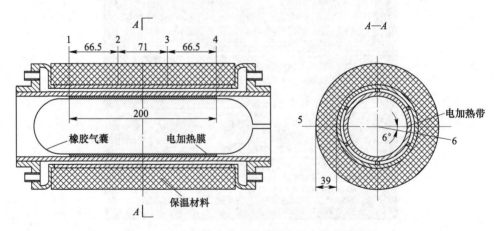

图 8.4　中心铝管内外壁温度测点及电加热膜位置

面，同时气囊的存在降低了局部气体的流动，减少了内部对流换热的影响。由于实际使用时束流管外壁的对流换热为有限小空间内的自然对流换热，而束流管中心铝管外壁温度实验测量中，不可能完全模拟束流管实际工作时的外部环境，因此在中心铝管外壁电阻温度片粘贴固定后包上热导率小于 0.028 W/(m·K)、厚39 mm 的保温材料，将外壁看作绝热条件，以减少理论计算的边界条件，降低了理论值与实验值比较时由于不同边界条件产生误差的可能性。中心铝管内外壁温度测量实验过程如图 8.5 所示。

图 8.5　中心铝管内外壁温度测量实验图

8.2　温度测量实验结果分析

8.2.1　束流管外壁温度测量结果分析

8.2.1.1　实验测量条件

（1）环境温度为（21.0±0.5）℃；

（2）外延铜管冷却水流量为 V_w = 8.0 L/min，中心铝管冷却油流量为 V_o = 8.0 L/min。

实验中束流管外壁存在与环境空气的自然对流换热，空气环境温度 21.0 ℃，对应参数为 Pr = 0.703，v = 15.06×10⁻⁶ m²/s，K = 0.025 9 W/(m·K)，束流管外壁温度按最低取平均温度为 19.0 ℃，束流管外径取平均为 100 mm。

根据式（3.36）计算得 $GrPr$ = 2.066×10⁵，因此束流管外壁的自然对流换热属于层流流动，根据文献［40］可得式（3.35）中系数分别为：C = 0.53，n = 1/4，因此可以计算得 Nu = 11.3，则

$$h = Nu \frac{K}{d} = 3 \ \text{W}/(\text{m}^2 \cdot \text{K})$$

因此取外壁对流换热系数为 3 W/(m² · K)。

下面为了方便描述，均采用同步辐射位置进行定位，同步辐射侧指的是在外延铜管冷却水的出口侧，即同步辐射存在时的一侧，同步辐射对侧指的是与同步辐射侧周向夹角 180.0° 的位置。实验测量中，由于冷却液入口温度低于 19.0 ℃，因此只要束流管的冷却段外壁的温差小于 2.0 ℃ 均可满足温度控制要求。

8.2.1.2　实验测量结果与理论计算结果比较

A　高次模辐射功率 $Q_H = 600$ W，同步辐射功率 $Q_S = 0$ W

在理论计算中，冷却液分别按三种流动状态进行计算：（1）全部为层流流动；（2）全部为湍流流动；（3）在中心铝管的两端放大腔内存在流体冲击及扰动流动，该部分流体按湍流流动计算，中间环隙部分流动稳定，该部分按层流流动计算，两端的外延铜管进出口的集中以及流体上下通道内的 180° 回流，导致外延铜管内流场以湍流流动为主，该部分按湍流流动计算。

实验测量中，冷却油入口温度 $t_{oin} = 18.7$ ℃，冷却水入口温度 $t_{win} = 18.6$ ℃，高次模辐射功率为 600 W，无同步辐射。将相同边界条件的外壁温度理论计算值与实验测量值进行比较，同步辐射侧位置外壁温度比较结果如图 8.6（a）所示，同步辐射对侧比较结果如图 8.6（b）所示。在实验测量中，不锈钢法兰外端连接了一段三通管道用来安装真空泵以及引出内部导线，计算条件与实验条件在该处不同，导致该处温度可能存在较大的误差，因此在实验数据对比中剔除了外延铜管与不锈钢法兰间的温度测点的数据。中心铝管外壁温度测量值在 18.6 ~ 19.5 ℃ 之间，最高温度在冷却油出口侧，外延铜管外壁温度在 19.5 ~ 19.8 ℃ 之间，因此冷却段的外壁最大温差为 1.2 ℃，满足温度控制要求；而过渡段由于没有进行冷却，外壁温度测量值最高为 25.3 ℃，在冷却油出口侧过渡段处。将三种条件下的外壁温度理论值与实验值进行比较，由图 8.6 可知湍流与层流在不同区域同时计算结果最接近实验值，也表明第（3）种数值计算情况符合实际流体流动状态，因此在以后的理论计算分析中，流体均按此种流动方式进行计算。

层流与湍流在不同区域同时计算的冷却段外壁温度理论值在温度控制要求范围内。将理论值与实验值进行比较，中心铝管冷却段外壁温度最大误差为 0.2 ℃，误差在温度测量误差范围内；中心铝管与外延铜管间的过渡段外壁温度最大误差为 0.6 ℃，实验值高于理论值，外延铜管冷却段外壁温度最大误差为 0.5 ℃，实验值低于理论值。

根据数值计算与实验测量比较结果可知外延铜管内的流动实际以湍流流动为主，但外延铜管在层流条件下的外壁温差要高于湍流条件下的外壁温差，因此在 2.4.2 节中外延铜管内冷却液流速选择时按层流计算的结果完全满足要求。

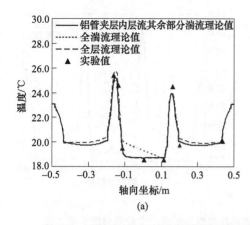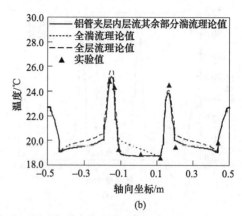

图 8.6 实验条件(1)下束流管同步辐射侧及其对侧外壁温度实验值与理论值比较

（高次模辐射功率 $Q_H = 600$ W，同步辐射功率 $Q_S = 0$ W，冷却油入口温度 $t_{oin} = 18.7$ ℃，

冷却水入口温度 $t_{win} = 18.6$ ℃，冷却水流量 $V_w = 8.0$ L/min，冷却油流量 $V_o = 8.0$ L/min）

（a）同步辐射侧位置；（b）同步辐射对侧

B 高次模辐射功率 $Q_H = 600$ W，同步辐射功率 $Q_S = 150$ W

实验中，高次模辐射功率为 600 W，同步辐射加热功率为物理上理论计算值 70 W 的 2 倍多，冷却油入口温度 $t_{oin} = 18.4$ ℃，冷却水入口温度 $t_{win} = 18.3$ ℃，理论计算中流体流动按层流与湍流在不同区域同时计算。同步辐射侧外壁温度的理论值与实验值比较结果如图 8.7（a）所示，同步辐射对侧外壁温度的理论值与实验值比较结果如图 8.7（b）所示。同步辐射侧，中心铝管外壁温度实验测量值在 18.7~19.3 ℃之间，外延铜管外壁温度测量值在 19.4~19.5 ℃之间，过渡段测量值最高为 29.3 ℃，在冷却油出口侧的过渡段处。同步辐射对侧，中心铝管外壁温度测量值在 18.7~18.9 ℃之间，外延铜管外壁温度测量值在 19.1~19.3 ℃之间，过渡段最高为 24.6 ℃。

实验中的同步辐射功率比物理模拟的最大值高 2 倍多时，同步辐射侧冷却段外壁温度测量值比同步辐射对侧测量值最大高 0.4 ℃，因此同步辐射的存在对冷却段外壁温度基本无影响；束流管冷却段外壁温度测量值在 18.7~19.5 ℃之间，最大温差为 0.9 ℃，满足温度控制要求；外延铜管与中心铝管间过渡段温度最高达 29.3 ℃，比实验条件（1）中高出 4.0 ℃，因此同步辐射对无冷却的过渡段影响较大。中心铝管与外延铜管之间的过渡段处，理论值与实验值的最大误差为 0.6 ℃，实验值高于理论值；外延铜管冷却段最大误差为 0.6 ℃，实验值低于理论值；中心铝管冷却段实验值与理论值最大误差为 0.2 ℃，而冷却段的外壁温度理论值在温度控制要求的范围内。

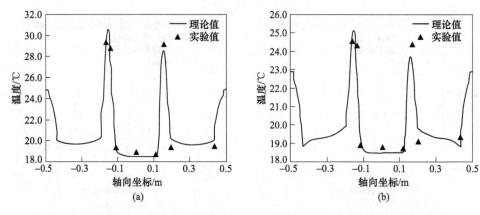

图 8.7　实验条件(2)下束流管同步辐射侧及其对侧外壁温度实验值与理论值比较

(高次模辐射功率 Q_H = 600 W，同步辐射功率 Q_S = 150 W，冷却油入口温度 t_{oin} = 18.4 ℃，

冷却水入口温度 t_{win} = 18.3 ℃，冷却水流量 V_w = 8.0 L/min，冷却油流量 V_o = 8.0 L/min)

（a）同步辐射侧位置；（b）同步辐射对侧

8.2.2　中心铝管内外壁温度测量结果分析

8.2.2.1　实验测量条件

（1）一次冷却循环油流量为 V_o = 8.0 L/min；

（2）冷却油入口温度为（19.0±0.5）℃。

模拟的高次模及同步辐射在中心铝管内壁的分布总长为 200.0 mm，改变高次模辐射功率和同步辐射功率对内外壁的温度分布进行测量，温度测点位置见图 8.4。温度测量结果中，同步辐射侧温度为与同步辐射中心线夹角 6.0°位置处的温度，然后取数值计算结果中相应位置的温度进行比较。

8.2.2.2　实验测量结果与数值计算结果比较

A　高次模辐射功率 Q_H = 126 W，同步辐射功率 Q_S = 0 W

高次模辐射功率为 126 W 时，对应 1000 mm 长的束流管内壁总功率为 630 W，高于物理上模拟计算的最大值 600 W。由于冷却液在中心铝管冷却间隙内分布比较均匀，在无同步辐射时，中心铝管内外壁温度同一截面的周向分布比较均匀。实验测量冷却油入口温度 t_{oin} = 18.7 ℃，中心铝管内外壁温度实验测量结果与数值计算结果对比如图 8.8 所示。中心铝管外壁温度理论值在温度控制的要求范围内，内壁温度理论值小于最高限制 37.0 ℃。

由于中心铝管冷却间隙内为层流流动，内壁与冷却油的热传递以导热为主，因此内壁温度实验值沿着流体流动方向逐渐升高，但模拟高次模辐射的电加热膜长为 200.0 mm，小于冷却间隙的长度 227.0 mm，因此在接近冷却油出口位置，温度理论值迅速降低。内壁温度测量值在 19.5 ~ 22.9 ℃之间，最高值低于内壁的温度最大限制值 37.0 ℃；外壁温度测量值在 18.8 ~ 19.2 ℃之间，最大温差为 0.4 ℃，满足外壁温度控制的要求。实验值与理论计算值比较，外壁温度最大误差为 0.3 ℃，实验值高于理论值；内壁温度最大误差为 1.2 ℃，实验值低于理论值，实际产生的热应力更小，结构更加安全。

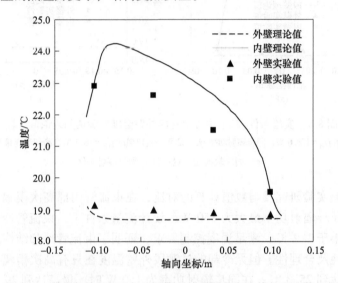

图 8.8　实验条件（1）下中心铝管内外壁温度实验值与理论值比较
（高次模辐射功率 Q_H = 126 W，同步辐射功率 Q_S = 0 W，
入口温度 t_{oin} = 18.7 ℃，冷却油流量 V_o = 8.0 L/min）

B　高次模辐射功率 Q_H = 128.6 W，同步辐射功率 Q_S = 32 W

高次模辐射功率为 128.6 W 时，对应 1000 mm 长的束流管内壁总功率为 643 W，高于物理上模拟计算的最大值 600 W；同步辐射功率为 32 W 时，对应 1000.0 mm 长的束流管内壁总功率为 160 W，是物理上模拟计算的最大值 70 W 的 2 倍多。实验中冷却油入口温度 t_{oin} = 18.7 ℃，同步辐射侧内外壁温度理论值与实验值对比结果如图 8.9（a）所示，内壁温度测量值在 21.1 ~ 31.1 ℃之间，温度最高点在接近冷却油出口位置，外壁温度测量值在 18.9 ~ 19.4 ℃之间，在要求的温度控制范围内；实验值与理论值比较，同步辐射侧外壁温度最大误差为 0.5 ℃，内壁温度最大误差为 1.5 ℃。同步辐射对侧内外壁温度理论值与实验值的比较如图 8.9（b）所示，内壁温度测量值在 19.6 ~ 23.3 ℃之间，外壁温度测量值在 18.9 ~ 19.1 ℃之间；温度实验值与理论值比较，外壁温度最大误差为 0.3 ℃，同步辐射对侧内壁温度最大误差为 1.6 ℃。根据实验测量值与理论计算值比较，内壁温度的实验值均低于理论值，实际结构趋于安全；而外壁温度均在温度控制的要求范围内。

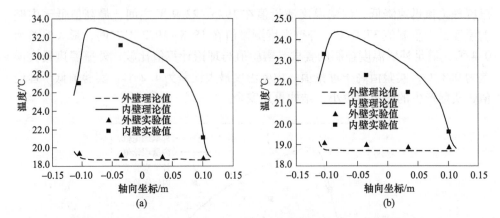

图 8.9   实验条件(2)下中心铝管内外壁温度实验值与理论值比较

（高次模辐射功率 $Q_H = 128.6$ W，同步辐射功率 $Q_S = 32$ W，入口温度 $t_{oin} = 18.7$ ℃，冷却油流量 $V_o = 8.0$ L/min）

（a）同步辐射侧位置；（b）同步辐射对侧

　　通过以上实验研究及与数值计算的对比，在束流管内部高次模辐射功率最大为 600 W，同步辐射功率最大为 150 W，设计流量条件下，束流管冷却段的外壁实验值温差小于 1.2 ℃，满足温度控制要求，证明了束流管冷却结构及冷却参数设计的可靠性及合理性。但无冷却的过渡段外壁温度在只有高次模辐射无同步辐射时，最高达到 25.3 ℃；在同步辐射功率为 150 W 时，最高达到 29.3 ℃，均高于外壁温度控制的要求，局部如此高的温度是否会对漂移室产生影响以及采用的控制方法需要进一步研究。

　　通过对束流管外壁温度的实验测量与数值计算结果比较，中心铝管内流体为层流流动，放大腔内及外延铜管内流体为湍流流动的数值计算条件符合实际流动过程。束流管外壁温度理论计算结果与实验测量结果最大误差为 0.6 ℃，中心铝管内壁温度实验值与理论值最大误差为 1.6 ℃，内壁温度实验值比理论值偏低。在同步辐射功率高于物理计算值的 2 倍多时，中心铝管内壁温度无论是实验测量值还是理论计算值均低于内壁温度最高限值 37.0 ℃。由于中心铝管的热导率小于铍的热导率，铝的强度又比铍低，若是中心铝管换为铍材则内壁最高温度将更低，结构更安全。

8.2.3 误差分析

　　在束流管温度测量实验中，各测量显示仪表及其传感器均存在一定的误差，该测量误差属于直接误差，下面给出了各测量值的算术综合误差[85]。

　　（1）温度测量误差：量程为 0.0~50.0 ℃，最大误差为传感器误差与仪表显示误差的算术综合误差。

$$\Delta t = \Delta t_1 + \Delta t_2 = \pm \left[(0.15 + 0.002 \times 50.0) + 50.0 \times 0.2\% \right] = \pm 0.35 \text{ ℃}$$

（2）流量测量误差：量程为 $0.2 \sim 1.2$ m^3/h，最大误差为传感器误差与仪表显示误差的算术综合误差。

$$\Delta V = \Delta V_1 + \Delta V_2$$
$$= \pm [(1.2 - 0.2) \times 1\% + (1.2 - 0.2) \times 0.2\%]$$
$$= \pm 0.012 \text{ } m^3/h$$
$$= \pm 0.2 \text{ } L/min$$

（3）加热功率误差：采用 DH1718E 型双路跟踪稳压电源控制加热功率，该电源直接显示电压值与电流值，电压值测量精度为 2.5 级，电流值测量精度为 2.5 级。最大误差为仪表显示电流误差与电压误差造成的间接相对误差[86]。

$$\frac{\Delta Q}{Q} = \frac{\Delta I}{I} + \frac{\Delta U}{U} = 5\%$$

（4）测点位置轴向误差：综合刻度尺定位误差以及 Pt100 热电阻感温元件的粘贴位置误差，总轴向位置误差约为 ±2.0 mm。

在束流管冷却过程中，影响外壁内外壁温度分布的主要因素有冷却液入口温度、冷却液流量和内部热负荷功率。实验测量中，温度采用巡检仪进行测量，通过同一显示仪表显示，且在测量前对各温度传感器以进口温度为基准进行了统一校正。因此在与理论值进行比较时，束流管内外壁温度测量的误差主要由冷却液流量测量误差、内部热负荷功率测量误差以及内外壁温度测量的误差造成。其中流量测量误差对内外壁的温度测量影响相同，且影响较小；内部热负荷功率的测量误差对内壁温度影响要远大于对外壁温度的影响，且对内壁的影响与热负荷功率值近似呈线性关系。

在数值计算中，为了便于计算，对束流管的整体有限元模型进行了一定的简化，如中心铝管部分忽略了内铝管上与外铝管线接触的六条筋板，外延铜管部分忽略了外壁的 8 个槽道等；计算模型的简化也带来了一定的误差，但对于束流管的温度控制以及结构安全而言，无论是测量值还是理论值均满足要求，保证了束流管正常使用的可靠性。

8.3 挠度测量实验

8.3.1 挠度测量实验内容

在束流管安装过程中，当出现束流管一端完全固支，一端完全自由时，束流管的挠度最大，而束流管与漂移室的最小间距为 2 mm，所以必须掌握束流管的最大挠度，避免束流管在安装过程中接触漂移室，对漂移室内筒内壁面的绝缘膜造成破坏。

对束流管模型件（铝）的挠度进行测量，测量工具为高度尺，量程为 0~1000 mm，测量精度为 0.02 mm。测量实验步骤为（图 8.10）：（1）在束流管的轴向四个位置，通过可活动垫块将束流管水平放置在工作平台上，束流管一端法兰 A 用卡套固支；（2）高度尺测出另一端法兰 B 相对于工作平台的高度 Y_1；（3）缓慢将垫块逐个撤出，直到法兰 B 完全自由；（4）高度尺测出法兰 B 相对于工作平台的高度 Y_2；（5）计算束流管垂直方向的最大挠度 $\Delta Y = Y_1 - Y_2$；（6）依次将束流管旋转 90°、180° 和 270°，重复前面的步骤，测得束流管不同角度的最大挠度。实验共进行两遍，测量结果见表 8.1。

图 8.10　挠度测量过程

表 8.1　束流管模型件（铝）的最大挠度测量结果

位置/(°)	初值 Y_1/mm	末值 Y_2/mm	挠度 ΔY/mm	平均值/mm
0	281.82	280.50	1.32	
	281.82	280.50	1.32	
90	281.70	280.20	1.50	
	281.70	280.20	1.50	
180	281.68	280.22	1.46	1.41
	281.68	280.20	1.48	
270	281.68	280.32	1.36	
	281.66	280.32	1.34	

从表 8.1 可以看出，挠度平均值为 1.41 mm，但沿周向不同角度测得的挠度略有不同，最大值为 1.50 mm，最小值为 1.32 mm，最大误差为 0.18 mm，最大绝对误差为 13.6%，这与束流管模型件加工的误差和测量误差均有关系。

8.3.2 挠度实验结果与有限元计算结果的比较

建立束流管铝模型件的有限元模型，将其一端完全固支，一端完全自由，所得 y 向变形云图如图 8.11 所示。

$$-0.00102 \quad -0.794E{-}03 \quad -0.567E{-}03 \quad -0.340E{-}03 \quad -0.113E{-}03$$
$$-0.907E{-}03 \quad -0.680E{-}03 \quad -0.453E{-}03 \quad -0.227E{-}03 \quad 0.300E{-}06$$

图 8.11 束流管（铝）一端完全固支，一端完全自由时的变形云图

垂直方向的最大位移位于自由端法兰，为 1.02 mm。与实验测量结果 1.41 mm 相比较，理论计算值比实验测量值小 27.7%，分析此误差结果为束流管铝模型件加工误差、测量误差及有限元模型误差三个原因综合所致。

对于束流管的实际结构来说，中心铍管的材料为铍，过渡银环的材料为银镁镍合金，在束流管一端完全固支，一端完全自由约束条件下，所得束流管 y 向变形云图如图 8.12 所示。

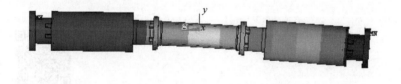

$$-0.445E{-}03 \quad -0.346E{-}03 \quad -0.247E{-}03 \quad -0.148E{-}03 \quad -0.492E{-}04$$
$$-0.396E{-}03 \quad -0.297E{-}03 \quad -0.198E{-}03 \quad -0.987E{-}04 \quad -0.303E{-}06$$

图 8.12 束流管一端完全固支，一端完全自由时的 y 向变形云图

可以看出，当一端完全固支，一端完全自由时，束流管 y 向（即垂直方向）

最大位移的理论计算值为 0.45 mm，根据束流管模型件（铝）位移的理论计算值比实验测量值小 27.7%，可以保守估计，当一端完全固支，一端完全自由时，束流管 y 向（即垂直方向）最大位移为 0.62 mm，小于束流管与漂移室的最小间距 2 mm，不会对漂移室内筒内壁面的绝缘膜造成破坏。

　　本章介绍了束流管冷却系统的实验研究。为保证束流管冷却结构设计的可靠性，制作了束流管 1∶1 模型件进行实验测试，用石英加热管和电加热膜模拟束流管的内壁辐射热负荷，对束流管外壁温度进行了测量，并在一端完全固支，一端完全自由约束条件下对束流管垂直方向的挠度进行了测量，将实验测量结果与理论计算结果进行比较分析。

　　（1）在束流管内壁热负荷最大，冷却液在设计流量下，束流管内外壁温度实验测量结果表明，束流管冷却段外壁温差小于 2.0 ℃，束流管冷却结构满足冷却要求及安全要求。

　　（2）通过实验测量值与理论计算值的比较，证明了束流管内流体流动中，中心铍管环形间隙内为层流流动，其余部分为湍流流动的数值计算条件符合实际情况，外壁温度理论计算值与实验值最大误差为 0.6 ℃，二者的一致性说明了束流管有限元模型建立和实验测量结果的可靠性，也进一步验证了束流管冷却系统实际功能满足北京正负电子对撞机高能物理研究实验的要求。

　　（3）在一端完全固支，一端完全自由约束条件下对束流管模型件（铝）垂直方向的挠度进行了测量，理论计算值比实验测量值小 27.7%，分析此误差结果为束流管铝模型件加工误差、测量误差及有限元模型误差三个原因综合所致。由此推出，在相同约束条件下，束流管正式件垂直方向的最大位移为 0.62 mm，小于束流管与漂移室的最小间距 2 mm，不会对漂移室表面的绝缘膜造成破坏。

看彩图

参 考 文 献

［1］ Bai J Z, Bian Q, Chen G M, et al. The BES detector ［J］. Nuclear Instruments & Methods in Physics Research A, 1994, 344 （2）: 319-334.

［2］ Bai J Z, Bao H C, Blum I, et al. The BES upgrade ［J］. Nuclear Instruments & Methods in Physics Research A, 2001, 458 （3）: 627-637.

［3］ BESⅢ Collaboration. BEPCⅡ Preliminary Design Report, 2002: 1-5.

［4］ BESⅢ Collaboration. BESⅢ Preliminary Design Report, 2004: 1-3.

［5］ Wu C, Heng Y K, Zhao Y D, et al. The timing properties of a plastic time-of-flight scintillator from a beam test ［J］. Nuclear Instruments & Methods in Physics Research A, 2005, 555 （1/2）: 142-147.

［6］ 刘炜. 束流管设计. 中国科学院高能物理研究所科学技术档案, 档案分类号 02.13.6-32-3. 1989: 18-36.

［7］ 刘炜. 北京谱仪束流管科学技术档案归档说明书. 中国科学院高能物理研究所科学技术档案, 档案分类号 02.13.6-32-1. 1989: 1.

［8］ 刘炜. 正负电子对撞机谱仪—种铝内衬与碳纤维增强塑料组合的对撞管 ［C］//中国真空学会核真空专业委员会第四届年会论文集, 1987, 10: 132-133.

［9］ 刘炜. 铝内衬缠绕碳纤维环氧树脂束流管模型总结. 中国科学院高能物理研究所科学技术档案, 档案分类号 02.13.6-32-3. 1989: 37-39.

［10］ Yamada Y. Belle Silicon Vertex Detector: international communication report. Beijing: 2002.

［11］ Shoji U. Investigation of the broken beam pipe: international communication report. Beijing: 2003.

［12］ Yamada Y. SVD2.0 Beam pipe Status: report of KEK-B IR Meeting. Tokyo: 2001.

［13］ Yamada Y. New IP chamber: report of IR Meeting. Tokyo: 2001.

［14］ Berkelman K. The future CESR CLEO program: present and future ［J］. Nuclear Instruments & Methods in Physics Research A, 1998, 66: 537-540.

［15］ Von Toerne E, Alamc M S, Alexander J P, et al. Status of the CLEO Ⅲ silicon tracker ［J］. Nuclear Instruments and Methods in Physics Research A, 2003, 511 （1/2）: 11-15.

［16］ Berkelman K. The future CESR CLEO program ［J］. Nuclear Instruments & Methods in Physics Research A, 2000, 446 （1/2）: 92-96.

［17］ Cornell University. CLEOⅢ beam pipe. http://motor1.physics.wayne.edu/~cinabro/cinabro/cleoⅢir/beampipe.html.

［18］ Kassa R, Alamb M S, Alexander J P. The CLEO Ⅲ silicon vertex detector ［J］. Nuclear Instruments & Methods in Physics Research A, 2003, 501 （1）: 32-38.

［19］ Tsuboyama T. Concepual design of a PF200 circulation system: report of communion. Tokyo: KEK, 2001.

［20］ Warburton A, Arndt K, Bebek C, et al. Active cooling control of the CLEO detector using a hydrocarbon coolant farm ［J］. Nuclear Instruments and Methods in Physics Research A, 2002, 488 （1/2）: 451-465.

［21］刘建北. BESⅢ漂移室性能的实验研究［D］. 北京：中国科学院高能物理研究所，2005.

［22］Qin Z H, Chen Y B, Sheng H Y, et al. Beam test of a full-length prototype of the BESⅢ drift chamber with the readout electronics［J］. Nuclear Instruments and Methods in Physics Research A，2007，571（3）：612-621.

［23］Liu J B, Qin Z H, Wu L H, et al. A beam test of a prototype of the BESⅢ drift chamber in magnetic field［J］. Nuclear Instruments and Methods in Physics Research A，2006，557（2）：436-444.

［24］Cruikshank, P, Artoos K, Bertinelli F, et al. Mechanical design aspects of the LHC beam screen［J］. Proceeding of the 1997 Particle Acceleration Conference, Vancouver, 1997, 3：3586-3588.

［25］周能锋，金大鹏，童国梁，等. BEPCⅡ束流管相关本底的蒙特卡罗模拟研究（Ⅰ）——同步辐射［J］. 高能物理与核物理，2004，28（3）：227-231.

［26］周能锋. 对撞区束流管上的同步辐射功率：交流报告. 北京：中国科学院高能物理研究所，2004.

［27］Veness R, Karppinen S, Knaster J, et al. Design of beampipes for LHC experiments［J］. Vacuum, 2002, 64：467-473.

［28］杨世明. BESⅢ剂量率在线检测和保护系统的研制［D］. 北京：清华大学，2006.

［29］http：//www. matweb. com/search/SpecificMaterial. asp? bassnum = AMEBe00（Matweb 公司为技术材料数据库的先驱者，位于美国弗吉尼亚州布莱克斯堡）

［30］沈宁福. 新编金属材料手册［M］. 北京：科学出版社，2003.

［31］http：//www. matweb. com/search/SpecificMaterial. asp? bassnum = AMEMg00

［32］《中国航空材料手册》编辑委员会. 中国航空材料手册　第 3 卷铝合金镁合金［M］. 北京：中国标准出版社，2002：223-229.

［33］http：//www. matweb. com/search/SpecificMaterial. asp? bassnum = AMETi00

［34］http：//www. matweb. com/search/SpecificMaterial. asp? bassnum = MQ316R

［35］《中国航空材料手册》编辑委员会. 中国航空材料手册　第 4 卷粉末冶金材料精密合金与功能材料［M］. 北京：中国标准出版社，2002：290-293.

［36］http：//www. matweb. com/search/SpecificMaterial. asp? bassnum = MC101A

［37］《中国航空材料手册》编辑委员会. 中国航空材料手册　第 5 卷钛合金铜合金［M］. 北京：中国标准出版社，2002：534-537.

［38］李建国. 压力容器设计的力学基础及其标准应用［M］. 北京：机械工业出版社，2004：147.

［39］徐灏. 机械设计手册（第 4 卷）［M］. 北京：机械工业出版社，1991：32-93.

［40］周筠清. 传热学［M］. 2 版. 北京：冶金工业出版社，1999：151-165.

［41］金朝铭. 液压流体力学［M］. 北京：国防工业出版社，1994：154-175.

［42］王正道，张忠. G-10CR 玻璃布/环氧层压板低温剪切力学性能［J］. 力学学报，2001，33（4）：531-534.

［43］Rosenkranz P, Humer K, Weber H W, et al. Irradiation effects on the fatigue behaviour of an ITER candidate magnet insulation material in tension and interlaminar shear［J］. Fusion

Engineering and Design, 2001, 58/59: 289-293.

[44] Bittner-Rohrhofer K, Humer K, Fillunger H, et al. Mechanical performance of magnet insulation materials fabricated by the "Insulate-Wind-and-React" technique [J]. Fusion Engineering and Design, 2005, 75/76/77/78/79: 189-192.

[45] 戴锅生. 传热学 [M]. 2 版. 北京: 高等教育出版社, 1999: 2-5.

[46] 杨世铭, 陶文铨. 传热学 [M]. 3 版. 北京: 高等教育出版社, 2006: 41-45.

[47] 孔祥谦. 热应力有限单元法分析 [M]. 上海: 上海交通大学出版社, 1999: 16-33.

[48] 龚曙光. ANSYS 基础应用及范例解析 [M]. 北京: 机械工业出版社, 2003: 8-53.

[49] Kim B S, Lee D S, Ha M Y, et al. A numerical study of natural convection in a square enclosure with a circular cylinder at different vertical locations [J]. International Journal of Heat and Mass Transfer, 2008, 51 (7/8): 1888-1906.

[50] Duka B, Ferrario C, Passerini A, et al. Non-linear approximation for natural convection in a horizontal annulus [J]. International Journal of Non-Linear Mechanics, 2007, 42 (9): 1055-1061.

[51] Takahiro A, Satoru I. Three-dimensional linear stability of natural convection in horizontal concentric annuli [J]. Int. J. Heat and Mass Transfer, 2007, 50 (7/8): 1388-1396.

[52] Mark P D, Kambiz V. Effects of gravity modulation on convection in a horizontal annulus [J]. Int. J. Heat and Mass Transfer, 2007, 50 (1/2): 348-360.

[53] Ganguli A A, Pandit A B, Joshi J B. Numerical predictions of flow patterns due to natural convection in a vertical slot [J]. Chemical Engineering Science, 2007, 62 (16): 4479-4495.

[54] 曾竟成, 罗青, 唐羽章. 复合材料理化性能 [M]. 长沙: 国防科技大学出版社, 1999: 17-72.

[55] 李维特, 黄保海, 毕仲波. 热应力理论分析及应用 [M]. 北京: 中国电力出版社, 2004: 3-23.

[56] [美] 陈惠发, A. F. 萨里普. 弹性与塑性力学 [M]. 北京: 中国建筑工业出版社, 2004: 236-239.

[57] 任学平, 关丽坤, 郭志强. 转炉炉壳热应力和蠕变变形分析 [M]. 北京: 冶金工业出版社, 2007: 96-99.

[58] 机械工业仪器仪表综合技术经济研究所. JB/T 7901—1999 金属材料实验室均匀腐蚀全浸试验方法 [S]. 北京: 中国机械工业出版社, 1999.

[59] 张新奇. 管流式动海水腐蚀试验装置设计研究 [D]. 河南科技大学, 2011.

[60] 卢斌. 喷射式冲蚀实验台研制及油井管杜抗冲蚀性能研究 [D]. 西安石油大学, 2012.

[61] 朱娟, 张乔斌, 陈宇, 等. 冲刷腐蚀的研究现状 [J]. 中国腐蚀与防护学报, 2014, 34 (3): 199-210.

[62] 李强, 唐晓, 李焰. 冲刷腐蚀研究方法进展 [J]. 中国腐蚀与防护学报, 2014, 34 (5): 399-409.

[63] Meng H, Hu X, Neville A. A systematic erosion-corrosion study of two stainless steels in marine conditions via experimental design [J]. Wear, 2007, 263 (1/2/3/4/5/6): 355-362.

［64］ 王曰义. 金属的典型腐蚀形貌［J］. 装备环境工程，2006，3（4）：31-37.

［65］ 郑玉贵，姚治铭，柯伟. 流体力学因素对冲刷腐蚀的影响机制［J］. 腐蚀科学与防护技术，2000（1）：36-40.

［66］ 邱军，刘立洵，张志谦，等. 辐照 APMOC 纤维对其复合材料拉伸强度的影响［J］. 宇航材料工艺，2000，3：35-37.

［67］ El-Tayeb N S M, Yousif B F, Yap T C. An investigation on worn surfaces of chopped glass fibre reinforced polyester through SEM observations［J］. Tribology International, 2008, 41（5）：331-340.

［68］ 李国莱，赵玉庭，匡彦青，等. 合成树脂及玻璃钢［M］. 北京：化学工业出版社，1995：110-111.

［69］ Zhang L H, Zhou M T, Chen D L, et al. Mechanism of radiation crosslinking of polymers and its relationship with structural multiplicity［J］. Radiation and Physics and Chemistry, 1993, 42（1/2/3）：125-128.

［70］ Rosenkranz P, Humer K, Weber H W, et al. Influence of specimen size on the tension-tension fatigue behaviour of fibre-reinforced plastics at room temperature and at 77 K［J］. Cryogenics, 2000, 40：155-158.

［71］ Humer K, Rosenkranz P, Weber H W, et al. Mechanical properties of the ITER central solenoid model coil insulation under static and dynamic load after reactor irradiation［J］. Journal of Nuclear Materials, 2000, 283/284/285/286/287：973-976.

［72］ Jahan M S, Wang C, Schwartz G, et al. Combined chemical and mechanical effects on free radicals in UHMWPE joints during implantation［J］. Journal of Biomedical Materials Research, 1991, 25（8）：1005-1017.

［73］ O'neill P, Birkinshaw C, Leahy J, et al. The role of long lived free radicals in the ageing of irradiated ultra high molecular weight polyethylene［J］. Polymer Degradation and Stability, 1999, 63（1）：31-39.

［74］ 夏辛明. 可编程控制器技术及应用［M］. 北京：北京理工大学出版社，2001：1-8.

［75］ 西门子公司. SIEMENS S7-200 可编程控制器系统手册. 2002：7-7.

［76］ 华富惠通技术有限公司. 开物 2000 用户手册. 2004.

［77］ 戴鹏，周晓锋，耿乙文，等. 基于 OPC 的 iFIX 与 PLC 的通讯［J］. 工矿自动化，2005（6）：75-77.

［78］ Beck D, Blaum K, Brand H, et al. A new control system for ISOLTRAP［J］. Nuclear Intruments and Methods in Physics Research Section A, 2004, 527（3）：567-579.

［79］ 乔毅，栾美艳，袁爱进，等. 基于 LabVIEW 和 OPC 的数据通信的实现［J］. 控制工程，2005，12（2）：153-155.

［80］ 张利平. 液压传动系统及设计［M］. 北京：化学工业出版社，2005：184-189.

［81］ Ravat B, Gschwind R, Grivet M, et al. Electron irradiation of polyurethane：Some FTIR results and a comparison with a EGSf4 simulation［J］. Nuclear Instruments and Methods in Physics Research B, 2000, 160（4）：499-504.

［82］ 黄玮，傅依备，卞直上，等. 电子束作用下聚氨酯泡沫塑料的辐射降解机理［J］. 核化

学与放射化学，2002，24（4）：193-197.

[83] 黄玮，陈晓军，高小铃等．γ辐射场中聚醚聚氨酯材料的老化研究［J］．原子能科学技术，2004，38（S1）：148-153.

[84] Collins I，Knaster J R，Lepeule P. Vacuum calculations for the LHC experimental beam chambers［J］. Peoceeding of the 2001 Particle Acceleration Conference，Chicago，2001，4：3153-3155.

[85] 华烟旻，贾俊荣，陈明生．热工测量误差计算的讨论［J］．南京工程学院学报，2002，2（4）：41-43.

[86] 陈灵军．直接与间接测量的系统误差分析［J］．广西电力技术，2001，24（4）：34-35.